浙江省中等职业教育课程改革校本选修教材

U0317634

古关上的三门

主编　李　日　马加年　余贤相　谢　磊

浙江科学技术出版社

图书在版编目(CIP)数据

舌尖上的三门 / 李日等主编. —杭州:浙江科学技术出版社,2016.7

ISBN 978-7-5341-7229-8

Ⅰ.①舌… Ⅱ.①李… Ⅲ.①饮食—文化—三门县 Ⅳ.①TS971

中国版本图书馆CIP数据核字(2016)第168017号

书　　　名	舌尖上的三门
主　　　编	李　日　马加年　余贤相　谢　磊
出版发行	浙江科学技术出版社 邮政编码:310006 杭州市体育场路347号 办公室电话:0571-85062601 销售部电话:0571-85171220 网　址:www.zkpress.com E-mail:zkpress@zkpress.com
排　　　版	杭州大漠照排印刷有限公司
印　　　刷	浙江新华数码印务有限公司
经　　　销	全国各地新华书店
开　　　本	710×1000　1/16　　　　印　张　10.25
字　　　数	184 000
版　　　次	2016年7月第1版　　　2016年7月第1次印刷
书　　　号	ISBN 978-7-5341-7229-8　定　价　23.00元

版权所有　翻印必究
（图书出现倒装、缺页等印装质量问题,本社销售部负责调换）

责任编辑　张祝娟　　　　**责任校对**　赵　艳

责任美编　金　晖　　　　**责任印务**　崔文红

前言 ≪≪≪≪

三门因濒临三门湾而得名，建县始于民国二十九年（1940），是浙江省最早解放的县之一。三门背山面海，既有峰峦之秀，林泉之美，又有碧海奇景，物产丰富，民风淳朴，素有"三门湾，金银滩"之美誉。

自从三门小海鲜望潮、弹涂鱼和传统小吃麦焦在央视《舌尖上的中国》第二季的首集《脚步》中亮相后，三门的小海鲜受到热捧，众多游客闻鲜而动，来三门看海景、吃海鲜，感受别样的海洋风情。三门县政府借助舌尖效应，先后举办了"跟着舌尖脚步游三门""县长请你免费游三门""淘宝三门青蟹节"等活动，以进一步扩大三门小海鲜的影响力。许多人到三门旅游，品小吃、吃小海鲜，但是他们却很少关注三门小吃和小海鲜背后的农耕文化与渔猎文化。为此，我们尝试以舌尖为主线，通过对旧时三门人生产生活和习俗的介绍以及现代三门人生产生活和习俗变化的呈现，让人们感知勤劳与勇敢、执着与创新的"三门精神"，使三门人的优良品质得以传承和发扬。

本书共三章。第一章以舌尖为主线，通过对"'讨小海'与三门小海鲜"的介绍，呈现旧时三门人勤劳与勇敢的品质；第二章以舌尖为主线，通过对"三门海水养殖与海产品"的介绍，呈现改革开放后三门人执着与创新的精神；第三章以舌尖为主线，通过对"三门节日习俗与民间小吃"的介绍，呈现三门人的生活情趣和审美观点。

本书是2015年浙江省中等职业教育课程改革校本选修教材立项课程，建议每周2课时，约需38课时。本书还可作为普通高中选修课程教材。

本书由李日、马加年、余贤相、谢磊担任主编。其中框架由李日构建，第一章由李日编写，第二章由余贤相编写，第三章由谢磊编写，全书由马加年统稿。在编写时，我们参阅了三门农业局拍摄的专题片《三门民间小吃》和三门县委宣传部拍摄的三门城市形象宣传片《海开三门，湾纳百川》。在编写过程中我们得到了许多老师的帮助和指导，特别是浙江省职成教教研室的老师给出许多修改意见，在此我们表示衷心的感谢。由于编者水平有限，书中难免出现不当之处，敬请读者批评指正，以便修订完善。

编　者
2015 年 9 月 10 日

C目录ntents

引　言　三门青蟹，"横行"世界 / 1

第一章　"讨小海"与三门小海鲜 / 3

第二章　三门海水养殖与海产品 / 73

第三章　三门节日习俗与民间小吃 / 124

后　记 / 159

三门青蟹，"横行"世界

三门是三门人的三门，更是全国人民的三门，世界人民的三门！

三门因位于浙东沿海三门湾畔而得名，也因有三门湾而扬名海内外。

三门气候温和湿润，风景优美。背山面水，海天雄奇，山水神秀；飞瀑奇岩，幽谷碧潭，比比皆是；沿岸群山环抱，岛屿星罗棋布，港湾深嵌内陆，上游溪流众多。

三门区位优越，交通便捷，宁波机场、黄岩机场、北仑港、海门港距县城均在100km之内；甬台温铁路、甬台温高速、上三高速、34省道、甬临一级公路及正在建设的中国沿海高速交汇境内，构成便捷完善的交通网络。

三门物产丰饶，自古就有"水有渔盐之利，陆有林矿之饶"的说法，湾内水质肥沃，海水盐度适中，饵料生物丰富，水产养殖条件得天独厚，故被孙中山称为"实业之要港"，并列入《建国方略》。

三门文化厚实，历史名人辈出，如北宋有名臣罗适，元末有奇士叶兑，现代有革命家包定、文学家林淡秋等等。

一方水土养一方生灵，三门是闻名遐迩的青蟹、对虾、缢蛏产地，尤以锯缘青蟹饮誉海内外，被称为中国青蟹之乡"浙江对虾之乡""缢蛏之乡""牡蛎之乡"。

三门青蟹，色青壳薄，肉嫩味鲜。明代文人祝枝山赞云："真乃天下第一蟹也。"三门青蟹先后荣获"国家地理标志保护产品""国家地理标志证明商标""中国名牌农产品""中国有机产品""中国著名品牌""中国国际农业博览会金奖""浙江名牌产品""三门青蟹中国研究基地"等十多个奖项。

三门青蟹既是大自然赐予三门人的宝贵财富，也是历代三门人精心培育的结果。近几年，为保护青蟹品牌，三门制定了中国第一个青蟹地方标准，同时开发了青蟹专用包装礼盒，提高了产品档次，刷新了"中国青蟹之乡"的形象；三门已建成全国最大的青蟹养殖场，并形成一大批养殖大户，三门青蟹养殖面积近

10万亩,年产商品蟹1万多吨,占浙江省总量的1/3,占全国总量的1/9,产值达10多亿元。三门建起了全国最大的也是中国第一个青蟹专业市场,三门从事青蟹销售的人员达上万人,经过一大批青蟹经销大户的营销,三门青蟹走向全国,"横行"世界!

三门,已成为浙江省名副其实的海水养殖第一县。

青蟹的产业链在不断延伸。在蛇蟠岛,已建成国家级三门青蟹原种场和省级三门青蟹良种场,人工育苗技术的突破给三门青蟹的发展带来更多的希望;在沿海乡镇,软壳青蟹的开发、浅海笼养青蟹技术的应用、醉青蟹的加工,还有以青蟹为媒的各类休闲渔业也在蓬勃发展。

随着三门青蟹知名度的不断提高,带动了缢蛏、黄鱼、对虾等特色海产品纷纷跻身品牌产品行列,还有黄秋葵、沈园西瓜等一批特色优势农产品也打响了品牌。

"面朝大海,春暖花开",海洋是三门的最大特色、最大资源、最大优势,三门人正以"三门速度"着力推进"三港三城"建设,未来的三门将是水蓝、鱼鲜、景美的滨海宜居休闲城市。

第一章

"讨小海"与三门小海鲜

　　自三门小海鲜在央视《舌尖上的中国》第二季中亮相后,声名不胫而走,引来各路媒体争相"垂涎"。而在这些可口的美食背后,正是三门浓浓的千年乡俗风情。

　　据考古发现,自新石器时代以来,三门满山岛、蛇蟠岛上的远古先民就已经削木为刺,结苎为绳,进行原始的渔弋活动。他们去滩涂抲小鱼、小虾,到礁岩上撬蛎、采紫菜,或者摇着狭小的舢板船在近海捕捞。我们把海边人家这种原始古老的渔业生产方式统称为"讨小海","讨小海"收获的美味食材则称为小海鲜。

　　大海里有取之不尽的财富,沿海村民一代又一代地延续着"种田讨海"的生产生活方式,由此衍生出一批"讨海"人。直至改革开放后,三门沿海村民才逐渐改变了这种生产生活方式。现如今,随着海洋捕捞业和海水养殖业的发展,这种"种田讨海"的生产生活方式已逐渐离我们远去,三门"讨小海"习俗也已经成为浙江省第四批省级非物质文化遗产。

　　"讨小海"根据作业海域不同,可分为滩涂作业、岩礁作业和浅海捕捞作业三类。

一、滩涂作业

　　滩涂作业是村民利用潮汐间隙,徒手或利用特制的工具,到浅海滩涂上捕捉鱼、虾、蟹之类海鲜的一种生产方式。当潮水退去,滩涂露出,"讨海"人就要出发了,有的在滩涂上徒步跋涉,有的利用"泥马"代步,到各自心中选定的区域去"讨小海",涨潮前返回岸边;有的甚至在退潮前结群乘船到选定的海域,等待退潮后"讨小海",涨潮后乘船返回,如图1-1～图1-3所示。

　　滩涂作业可以单人作业,亦可多人协同作业,其收获与季节、"讨海"人选定的海域及经验有关。

图1-1　徒步去"讨海"

图1-2　"泥马"代步去"讨海"

图1-3　乘船去"讨海"

（一）放钓

放钓捕鱼是指"讨海"人在涨潮前选定一片滩涂，放上一连串鱼钩，鱼钩上挂上鱼饵，等待随潮水而来的鱼上钩，退潮后，"讨海"人再去收取。放钓的收获与天气、海域、鱼饵等因素有关，一次放钓能捕获三五条海鱼就很不错了，如图1-4为"讨海"人在放钓的情景。

图1-4　"讨海"人在放钓

（二）夹港

夹港是指"讨海"人在潮水退净前，将滩涂中的小港用渔网拦截住，待潮水完全退后，再捕捞小港中的所有鱼、虾、蟹等，如图1-5所示。夹港的收获与小港所在海域及季节等有关，一般能捕获到虾钩弹、泥鱼、青蟹、岩头蟹等。

1. 虾钩弹

虾钩弹是"讨海"人在夹港时常能捕获的小海鲜之一。虾钩弹学名虾蛄，又叫爬虾、皮皮虾、琵琶虾、濑尿虾等，如图1-6、图1-7所示。虾钩弹是底栖穴居虾类，生活于浅海小港和深海泥沙或珊瑚礁中，昼伏夜出，每个个体都拥有自己的独立洞穴，每年的春季是虾钩弹产卵的季节。

图1-5 "讨海"人在夹港

虾钩弹味道鲜美，是沿海居民喜爱的小海鲜，现在已成为餐桌上受欢迎的佳肴，如图1-8～图1-10所示。据说虾钩弹还有药用价值，能治小儿尿疾。

图1-6 虾钩弹

图1-7 刚捕获的虾钩弹

图1-8 盐水虾钩弹

图 1-9　葱油虾钩弹　　　　　　　图 1-10　椒盐虾钩弹

2. 泥鱼

　　泥鱼是"讨海"人在夹港时常能捕获的另一种小海鲜。泥鱼,也称海鲶鱼,如图 1-11、图 1-12 所示。泥鱼是暖温性中小型底层杂食性鱼类,盛产于沿海浅水区。泥鱼头大,口裂大,齿细密,眼小,眼间隔宽平;体形亚圆柱形,前部粗大,尾部略扁平;脊背呈棕灰色或者黄褐色,腹部呈乳白色。它们在石砾或洞穴中产卵,大多为黏性卵,黏附于石砾、泥沙或洞壁上。野生泥鱼为一年生,等到 11 月份后,身体变得细长,钻入泥洞后死亡。

图 1-11　泥鱼

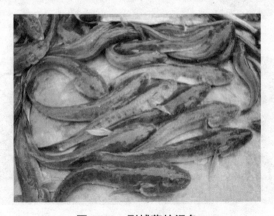

图 1-12　刚捕获的泥鱼

泥鱼的肉质细嫩鲜美,与鳗鱼不分上下,不但营养丰富,而且还有滋阴壮阳、活血舒筋等药用效果,是一种高蛋白低脂肪的食品。泥鱼的吃法很多,无论如何烧制都是脍炙人口的佳肴,如图1-13~图1-16所示。

图1-13 红烧泥鱼

图1-14 葱烤泥鱼

图1-15 焖烧泥鱼

图1-16 椒盐泥鱼

(三)钓弹鳁

在海边滩涂上有一种小鱼,这种小鱼既善翻滚弹跳,又生性机敏,一有风吹草动,就会迅速地钻入洞穴,消失得无影无踪,比山上的狐狸还要狡猾,十分不易捕捉,所以三门人称它为弹鳁。弹鳁学名叫弹涂鱼,又名花跳、跳鱼、泥猴。弹鳁有鳃,是一类进化程度较低的古老两栖类动物,是由鱼演变到两栖动物的鲜明例子。

弹鳁体呈圆柱形,鱼体呈灰褐色,体态扁圆,头顶鼓起一对机灵的小眼睛,能爬善跳,一般体长10~20cm,体重20~50g。弹鳁生活于近海沿岸及河口高潮区以下的滩涂上,以滩涂上的底栖藻类、小昆虫等小型生物为食。弹鳁喜穴居,在滩涂中可见到众多的孔口散布,一般孔道必定有2个以上的孔口,一个是正孔口,另一个是后孔口。弹鳁是鱼类中的"天才",喜欢在烈日下跳来跳去,它们的一生有很多时间都不在水里度过,如图1-17所示。

11月份天气稍凉后,弹鳁会钻到泥洞里冬眠。开春后,天气暖和了,才会出来,因此7~8月份的弹鲟最肥美。

三门人捕捉弹鲟的方法很特别,不用鱼饵去钓,而是当弹鲟在滩涂上活动、爬行索食时,用钓具去钩。钓具由钓竿、钓线、钓钩组成,钓竿长5m,钓线长6m,线头绑着钓钩,钓钩为4齿,形同船锚。钓弹鲟时,"讨海"人两脚在滩涂上慢慢移动,若有弹鲟在钓线可及范围内,则迅速将钓线甩出,当钓钩落在弹鲟身边后,则快速提杆拉线。其要领是甩钓要准、拉线要快,如图1-18所示。旺季的时候,一位熟练的"讨海"人一天能钓到十七八斤弹鲟。

图1-17 弹鲟

图1-18 钓弹鲟

资料链接

捕捉弹鲟的其他方法

一是迷弹鲟,"讨海"人把竹筒插在洞穴附近,当弹鲟从洞中出来,误以为竹筒也是洞穴而跳入,被"讨海"人捕获,如图1-19、图1-20所示;二是张弹鲟,"讨海"人用一形如大畚箕的罾网,在滩涂上且行且赶,将弹鲟如赶鸭子般赶进罾网中。

图1-19 插竹筒

图1-20 收竹筒

弹鳗在烧制前，一般都要汆水，烫过的弹鳗已将污物吐尽，口感更鲜美。三门人约定俗成的做法是弹鳗与霉干菜一起烧，除此之外还有红烧、椒盐、煲汤，如图1-21～图1-25所示。

图1-21 霉干菜烧弹鳗

图1-22 葱油弹鳗

图1-23 红烧弹鳗

图1-24 椒盐弹鳗

图1-25 弹鳗豆腐煲

沿海村民都会将弹鳗制成干品。传统弹鳗干的制作方法是：用芦苇秆将鲜活的弹鳗穿起来，放在架子上，点燃秸秆熏烤，熏烤后再晒干，这样加工出来的弹鳗干是很好的增味品，在做汤、煮面时放上几条，味道绝佳，如图1-26～图1-28所示。

图 1-26　熏烤弹鳗

图 1-27　弹鳗干

图 1-28　弹鳗干豆腐煲

　　在三门人眼里，弹鳗是非常滋补的食材，所以产妇产后都要吃弹鳗滋补。在没有鲜弹鳗的季节，也得吃弹鳗干。

　　在三门民间，弹鳗干经典的吃法是炒米面。先把几条弹鳗干放在 20～30℃ 的温水里浸泡 10～15min，然后拨开去刺，在油锅里炝炒一会儿，起锅后炒米面，待米面炒好后，加入炝炒好的弹鳗干和调味品，翻炒几下出锅，真的是香气扑鼻，如图 1-29 所示。

图 1-29　弹鳗干炒米面

（四）蛎望潮

　　望潮是一种穴居滩涂泥洞之中的软体动物，在潮汛来临时，它的触手会上下摇动，村民可因此判断潮水的涨落，故得名望潮。

　　望潮学名为长蛸，是一种小型章鱼，如图 1-30 所示。它暗褐色，体形呈卵状，小的像鸽子蛋，大的像鸡蛋，包裹着它的全部内脏，头上长着八条长长的腕足,足间有膜相连,足上有无数个吸盘。在水里游动时,长长的腕足成了它的尾巴,前行、转弯,灵活自如。在泥涂上爬行时,那八条长长的腕足从头部上端倒挂着,把头包围在足隙间,保护头部免受侵袭,还能捕捉食物。有童谣这样描述望潮:"稀奇稀奇真稀奇,头会长在脚叉里。"望潮在繁殖时有自食其腕的现象,公望潮会逐条自食其腕,到后来,有的竟会吃去所有腕足的2/3以上,致使活动笨拙,几乎失去活动能力,母望潮要用腕足来护卵,所以一般不会自食其腕。

图 1-30 望潮

柯望潮有以下几种常见的方法:

一是徒手柯。望潮洞口花斑斑,不光滑。找到洞口后,直接用手伸进洞去,再拉出来,形成吸力,几次推拉,望潮就会被吸出洞外,抓住即可。

二是沙蟹吊。望潮洞口深,且有转弯,有的还有副洞,徒手抓不住,可用一根木条或竹竿,一头缚一只沙蟹,放在洞口吊。望潮看到沙蟹就会钻出来抓食,而且紧抓不放,此时用手抓住即可。

三是照灯撮。涨潮时,望潮都会爬出来戏耍觅食,到黑夜时,它伏在滩涂上不大会动,若用灯盏(现用手电筒)照到望潮,直接用手去撮来即可,此法一晚上可撮几十只,多时百来只。

四是铁锹挖。冬天时,望潮在深洞里不出来,抓捕者多用铁铣撬开洞,从洞里挖出来。

望潮一年四季都有,但以秋季最多,个头也最大,桂花开放时节,望潮最美味。古人在《望潮》诗中写道:"骨软膏柔笑贼微,桂花时节最鲜味。灵珠不结青丝纲,八足轻趱斗水飞。"

望潮被誉为海中的"活人参",它有补气养血、收敛生肌的作用,是妇女产后补虚、生乳、催乳的滋补品。

洗望潮时，不要去掉头中的黑汁，这样烧煮起来味道会特别鲜香。望潮在加工前要反复摔打，这样会使望潮的肉收紧，做成的菜肴才能口感脆嫩。望潮的烧煮方法有生炒、红烧、水煮等，如图1-31～图1-36所示。

图1-31　炒望潮

图1-32　盐水望潮

图1-33　铁板望潮

图1-34　望潮菌煲

图1-35　红烧望潮

图1-36　仔排烧望潮

望潮与八爪鱼看上去差不多，但从个头大小以及腕足的长度能加以区分。八爪鱼学名短蛸，如图1-37所示，八爪鱼的足比望潮的足短，八爪鱼的头和足的比例是1∶3左右，望潮的头和足的比例是1∶5左右。八爪鱼产量大，但味道比望潮逊色得多，因此二者在市场上的价格相差很大。

图1-37 市场上出售的八爪鱼

图1-38 真章

望潮与真章看上去也差不多,只是真章个头比望潮要大得多,真章学名真蛸,如图1-38所示。真章全体褐色,全长可达80cm,栖息水深0～200m,栖息场所多为岩礁、珊瑚礁、藻场,白天潜伏,晚出猎食甲壳类、贝类及鱼类等。真章的味道比望潮逊色得多,因此在市场上二者的价格相差也很大。

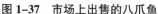

资料链接

望潮的传说

在古代,有只望潮钻出洞来在海涂上休眠晒太阳,这时一只正在觅食的老鹰飞过,看到这只软绵绵又白胖胖的小海鲜一动不动地伏在海滩上,正是填肚充饥的好食物,于是收拢翅膀"呼"地俯冲下来,锐利的脚爪一下子抓住望潮,并张开尖嘴猛咬。望潮虽然体型小,又无强健的筋骨,也无锋利的爪牙,可它机灵敏捷,马上收拢八条腕(脚)变成八条绳索,紧紧地缠住老鹰的头部、嘴巴,罩住了它的眼睛,还有几条伸进老鹰的鼻孔,使它鼻血直流,搞得老鹰头晕目眩,顿时失去啄咬的能力,空中霸王的威风全无。双方相互僵持着不分胜负,老鹰被迫妥协讲好话,要求望潮放开八腕各自逃生,望潮要求老鹰把它带到海潮里去,老鹰只好乖乖地拖着它来到上涨的潮头上,望潮得水后立即放开八腕逃入大海里去。从此,老鹰再也不敢到海涂里抓望潮,望潮也不敢在退潮后到海涂上戏耍,只望着潮水涨上来时才出洞,在浅滩浪花里"八足轻趱斗水飞"。以后人们就把这种鱼类称为"望潮"。

(五)珂蟹

"六月六,蟹晒谷",农历五至八月是珂蟹的最佳季节,这时天气热,蟹不愿待在洞里,都出来活动。旧时,在三门沿海滩涂和海洋中各种蟹四处横行,品种

13

繁多。沿海村民会根据各种蟹的不同特性,用不同的方法抓捕。

1. 钓蟹

在滩涂上,人们会看到各种各样的小蟹,这些小蟹统称为沙蟹。沙蟹起源于白垩纪,中国有 70 余种。沙蟹在海边沙滩、泥涂、岩缝中均能生存。沙蟹头胸甲形状不一,大多呈方形或长方形,有的呈圆球形或方圆形,眼柄长,身在洞中也可窥视到洞外。

沙蟹很灵活,一有动静便迅速钻进洞穴中,因此很难徒手捕捉。三门沿海的"讨海"人会像钓弹鳐一样去钓沙蟹,如图 1-39 所示为刚捕获的沙蟹。

沙蟹体小足更小,吃起来很麻烦,沿海村民往往煮熟后带壳咀嚼,也有把沙蟹捣成蟹酱贮存起来食用。现在人们则把沙蟹酱制成罐头出口创汇。

图 1-39 刚捕获的沙蟹

在沙蟹中有一种长着一只红色大螯的小蟹,这种沙蟹三门人称它为红钳蟹,如图 1-40 所示为三门滩涂上的红钳蟹。

图 1-40 滩涂上的红钳蟹

红钳蟹学名招潮蟹。据说在海水涨潮的时候,它挥舞着大螯,好像在召唤潮水快涨,因此得名招潮蟹。红钳蟹,眼睛有长柄,雄蟹有一只特别巨大的螯,几乎与身体的其余部分同等大小,另一只螯很小;雌蟹的大小和形状与雄蟹差不多,但两只螯很小。雄蟹会经常挥舞着大螯,向其他雄蟹炫耀、示威和打斗,在繁殖季节也是对雌蟹示爱、求偶的表现,小螯则用来挖取泥浆里的食物,如图1-41所示。在潮水到来之际,红钳蟹会迅速钻进洞里并用一团淤泥塞好洞口,使潮水无法进入洞穴,洞内仍有一些空气可供呼吸;退潮后,红钳蟹从洞穴里出来,悠然自得地在阳光下散步、取食。

图1-41 红钳蟹

别看红钳蟹很小,不起眼,炒着吃却很有味道(图1-42),捣成蟹酱后更是海边人下饭的好菜肴,如图1-43所示。现在,在饭店里人们用来蘸毛芋,那味道可真是一绝。

图1-42 炒红钳蟹

图1-43 红钳蟹酱

2. 钓蟹

青蟹,学名为锯缘青蟹,俗称蝤蛑。青蟹的头胸甲呈卵圆形,背面隆起而光滑,因体色青绿而得名,如图1-44所示。青蟹头胸甲的胃、心区有一个明显的"H"形凹痕,胃区有一细而中断的横形颗粒隆起,前侧缘短于后侧缘,具9枚等大的齿。额分4齿,内眼窝齿大于额齿。螯足粗壮,稍不对称,长节的前缘有3刺,后缘有2刺;掌膨肿,两指内缘有钝齿。前3对步足指节边缘有刷状毛,末对步足的指、掌节扁平呈桨状,善于游泳。公蟹腹部呈三角形,母蟹腹部呈圆形,母蟹有膏时称为"膏蟹",有"海上人参"之称,如图1-45~图1-47所示。

图1-44 青蟹

15

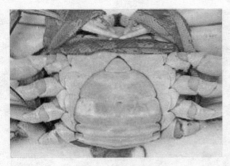 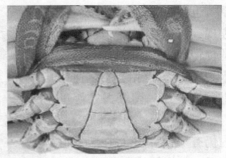

图1-45　母蟹　　　　　　　　　　图1-46　公蟹

图1-47　膏蟹

青蟹喜穴居近岸浅海和河口处的泥沙底,性凶猛,肉食性,主食鱼、虾、贝类。

青蟹离水后,只要鳃叶湿润,其生命能延续数天到十多天,可长途贩运。锯缘青蟹个体较大,一般体重0.2～1kg,最大可达2kg以上。青蟹肉质细嫩,味美,营养价值高,是著名的食用蟹。青蟹除鲜食外,还可制作罐头,蟹肉与壳均可供药用。

产自浙江中部沿海的三门青蟹,属于高档海产品,是"蟹中之王"。三门青蟹以"壳薄、膏黄、肉嫩、味美"而驰名全国。清朝诗人鲍谦有诗为证:"何物可供郎下酒,糖颓青蟹砺江蚝。"

在浅海的滩涂、海边的礁石缝里会穴居着野生的青蟹。生长在泥涂中的青蟹可徒手捕捉,而穴居礁石、岩缝中的青蟹捕捉起来很困

图1-48　在滩涂上爬行的青蟹

难,必须依靠专门的捕蟹工具来解决,这种特殊的捕捉方法称为钩蟹。图1-48是在滩涂上爬行的青蟹。

大热天,青蟹栖息在岩穴中,既潮湿阴凉又安全,徒手的捕捉者对它奈何不得。当你踏上凹凸不平的礁岩,接近青蟹时,它眨巴着眼睛慢吞吞地爬进洞去,那既长又狭的岩缝使你只能"望蟹兴叹"。

聪明的"讨海"人根据青蟹穴居岩洞、礁缝的特点,打制了蟹钩来收拾它们。蟹钩是一种长2m左右的钩蟹工具,一端是木柄把手,另一端是筷子粗细的钢筋,钢筋的尖端是砸扁的小弯钩。每当青蟹旺发季节,潮水退了,钩蟹者腰系蟹箩,肩扛蟹钩到海边去钩青蟹。他们轻手轻脚地接近爬出岩穴来觅食或纳凉的青蟹,伸出蟹钩先阻断青蟹的退路,然后用钩子将青蟹从岩缝中拨出来,开始青

蟹还会举着双螯负隅顽抗,随着蟹钩多次拨弄,威风大减,最后动弹不得,被拨到平坦处捉住。偶有机灵趁早钻入岩穴的青蟹也难逃被捉的命运,有经验的钩蟹者将蟹钩伸入洞穴,轻轻撩拨蟹肚脐,使其奇痒难忍,乖乖地爬出洞外被捉。

下次潮涨又有青蟹会来岩穴居住,钩蟹者可天天有收获。

3. "放蟹洞"捕蟹

"放蟹洞"就是"讨海"人事先在海边或滩涂上搭建蟹巢(图1-49),引诱各种海蟹来入住或入洞蜕壳,对居住在人为搭建蟹巢中的海蟹就容易捕捉了。蟹巢可多次使用,用这种方法捕蟹,在海蟹旺发季节比较有效。

图1-49 "讨海"人在"放蟹洞"

4. "放蟹拎"捕蟹

图1-50 "讨海"人在"放蟹拎"

"讨海"人在涨潮前选定一片滩涂,放上蟹笼,笼内放入蟹类喜食的饵料,并将蟹笼固定在滩涂上,以防蟹笼被海水冲走,如图1-50所示。涨潮后,随潮水而来的各种蟹在饵料的引诱下进入笼内。退潮后,"讨海"人再去收取。这种捕蟹方法,三门人称为"放蟹拎"。当然进入笼内除海蟹外,偶尔也有小鱼

进入。值得说明的是,不同的"讨海"人使用蟹笼形状各不相同。

(六) 钩蛏

图 1-51 缢蛏

缢蛏,又名蛏子,是一种穴居在软泥滩上的软体动物,贝壳脆而薄,呈长扁方形,自壳顶到腹缘有一道斜形的凹沟,故名缢蛏,如图 1-51 所示。缢蛏的两个水管很发达,它完全靠这两个水管与滩面上的海水保持联系,从入水管吸进食物和新鲜海水,从排水管排出废物和污水。蛏子潜伏的深度随季节而不同:夏季温暖,潜伏较浅;冬季寒冷,潜伏较深。平时潜伏的深度大约为体长的 5 至 6 倍,最深可以达到 40cm,约为体长的 10 倍。

旧时,收获蛏子的主要方法是用蛏钩去钩,称之为钩蛏,如图 1-52 所示。蛏钩其实是一根有钩的粗铁丝。钩蛏时,钩蛏人在滩涂上先找到相距不远的两个小孔,这两个小孔下一定有蛏子,然后用小木棍在两个孔眼间插一个洞孔,再将蛏钩沿着木棍插的洞孔插进,碰到蛏后,将手中蛏钩旋转一个角度,钩着蛏子后轻轻往上一拉,蛏就被钩出来了。木棍插的深度、蛏钩碰到蛏的感觉、转动蛏钩的角度等一系列动作全凭手感。如果蛏钩转动的角度不对,则蛏子钩不住;如果蛏钩插进、拉出力度不当,蛏肉要被破坏。

(七) 耙蛤

在三门沿海的滩涂泥沙中生长着许多贝类小海鲜。旧时,"讨海"人用蛤耙将生长在滩涂泥沙中大的贝类小海鲜耙出来,然后用手捡拾之,如图 1-53 所示。

在滩涂泥沙中生长的贝类小海鲜,多含有泥沙,捕获后须在淡盐水中浸养半日,待其泥沙吐尽、洗净,才可烹饪。

图 1-52 "讨海"人在钩蛏

图 1-53 "讨海"人在耙蛤

（八）挖生珍

一种生长在浅海泥沙质海底或海岛岩石间,形如花蛤,但贝壳表面长有褐色绒毛,壳顶部呈灰白色,这种双壳贝类小海鲜,三门人叫生珍,学名为青蚶,如图1-54、图1-55所示。三门有一海边的小村庄,在二十世纪八九十年代靠挖生珍致富。生珍的吃法与其他贝类小海鲜相同,如图1-56、图1-57所示。

图1-54 生珍

图1-55 生珍的内部结构

图1-56 盐水生珍

图1-57 炒生珍

（九）捡泥螺

在沿海滩涂上,生长着一种外壳很脆很薄的小动物,因为腹中有泥,人们习惯叫它泥螺。泥螺壳薄如蝉翼,螺肉通体透明,就像是一粒粒小琥珀镶嵌在蜗牛造型的薄壳中,如图1-58所示。它喜在涂面软、平、光,且有少量积水的地方活动,喜凉爽,怕强光。阴天,太阳懒洋洋地钻出云层,人称"黄胖日头",这样的天气捕捉最好。在三门还有"早潮泥螺,晚潮蟹"之说,所以"讨海"人一般在上午去捡泥螺。每年农历四五月份的春夏之交季节,是捡泥螺的最佳时机。

泥螺总是推着一层泥缓缓地爬行,憨憨的,对即将到来的被捕捉的命运"安之若素",不逃也不躲,所以泥螺很好捉。说是捉,实际上是捡,四指并拢,大拇指略翘,见到泥螺群,用四指将其"扑"入掌心,手内"扑"满后,捏紧,甩去泥螺黏液,放入桶内即可,如图1-59所示。当然,桶内必须保持干燥,否则泥螺会逃掉。

图1-58　泥螺

图1-59　捡泥螺

以前"夜色潮旺"时,人们会提着灯笼、火篾等照明工具,浩浩荡荡下海捡泥螺,没多久就能捡满一木桶,只是现在大家都很少晚上出去了。20世纪70年代,滩涂上的泥螺很多,正因为这样,泥螺成了每家每户常吃的菜肴。

三门的泥螺不仅好吃,而且也很有名气,所以不论是年轻人结婚还是老人做寿,甚至是办丧事,沿海村民都喜欢在餐桌上摆上一盘炒鲜泥螺,如图1-60所示。

泥螺虽然蛋白质含量高,但黏液也多,所以必须洗净黏液。还要把泥螺煮得足够熟,否则吃了会得一种叫"泥螺胖"的病,使你的脸面浮肿,产生中毒现象。

图1-60　炒泥螺

泥螺除了鲜吃外,沿海村民也常将鲜泥螺腌制,并密封保存在罐子里,到秋冬季时再食用。泥螺腌制的方法是:将洗净的泥螺加酒、生姜、大蒜、盐等放在罐子里,要稍咸些。密封在罐子里个把月后,揭开盖子,香气扑鼻,食之令人食欲大增,偏咸的泥螺不管放多久,其壳均不会变白。泥螺还可加工成罐头。

(十)捡海蛳

民谚云:"清明吃个蛳,好比冬至吃只猪。"海蛳是一种海边滩涂上最常见的一种小海螺,体型很小,螺纹很细,呈长锥体,如图1-61所示。海蛳这个不起眼的小玩意儿,滩涂上到处都是,它在滩涂上慢慢地蠕动着,只需弯腰捡拾。旧时,大人们对海蛳是不屑一顾的，往往在退潮之后扔一只小竹篓给孩子，让他们到海边滩涂上去捡海蛳，而孩子们则把海蛳当作宝贝，小心翼翼地捡起，放进竹篓里，时不时还拿出来数数，认真享受着"讨小海"的乐趣。现在，许多大人也去捡海蛳，特别是在清明节前，你会看到成群的大人在海边滩涂上捡海蛳，如图1-62所示。

图1-61 海蛳

清明节前的海蛳肉体肥壮，味道最为鲜美。据说清明日吃了海蛳能使人眼睛明亮，于是，清明吃海蛳沿袭成风。

以前，每到清明节临近时，街市上常有卖海蛳的，在农村也时不时有人挑着岙斗上门叫卖，买回一小盅，前后一吸，一股鲜美之味入口而来，算得上是春初带给孩童的第一份海鲜小吃。可惜，近年来因为海涂污染严重，海蛳越来越少，街头也没了往日的叫卖声。不过，很多传统的三门人还是喜欢在清明节吃海蛳，零食也罢，下酒菜也罢，吃的就是其中的美好寓意。

海蛳因做法不同，口味差异也很大。比较常见的做法要数清汤海蛳和炒海蛳，如图1-63、图1-64所示。

图1-62 捡海蛳

图1-63 清汤海蛳

图1-64 炒海蛳

值得一提的是,吃海蛳除了享受美味,乐趣还在于"吮"。"舌上功夫"到家的人只需用勺子兜起,一颗颗海蛳送到嘴边,"嗦"的一声,随即吐出一个壳来,再吸进一颗,又"嗦"的一声吐出一个壳来。一边吃海蛳,一边喝啤酒,再与三五好友扯几句闲话,那滋味真"爽"。

(十一)捡鲎

鲎,俗称马蹄蟹,又称爬上灶、夫妻鱼、鸳鸯鱼、东方鲎。鲎体长约50cm,重达3~4kg,形体似瓢,分为头胸部、腹部,具有尖形的尾巴,体色呈棕褐色。头胸部马蹄形,背面隆起,腹面凹陷,具6对附肢。其腹部略似六角形,两侧有可活动的倒刺,腹面也具有6对附肢。体后伸出像剑一样的尾刺称"剑尾",具复眼和单眼,如图1-65所示。鲎常两两相随生活在沙质海底(母鲎大,公鲎小,如图1-66所示),昼伏夜出,以蠕虫及无壳软体动物为食。每年春夏之际是鲎的繁殖季节,鲎的寿命可达20多年。

图1-65 鲎

图1-66 公、母鲎两两相随

鲎的祖先出现在地质历史时期古生代的泥盆纪,当时恐龙尚未崛起,原始鱼类刚刚出现,随着时间的推移,与它同时代的动物或者进化或者灭绝,而鲎从4亿多年前问世至今仍保留其原始而古老的相貌,所以鲎有"活化石"之称。

鲎的血液因含血蓝蛋白(含铜)而成蓝色,遇细菌即凝固,被广泛应用于医疗和食品工业,当作检验有无细菌的试剂。

过去鲎的数量很多,有时会爬上海边人家的灶头,可由于人们滥捕狂食,鲎越来越少,现今已成为国家二级保护动物。人们已开始人工养殖鲎,如图1-67、图1-68所示是鲎的常见吃法。

图 1-67 葱油鲎肉

图 1-68 鲎肉炒蛋

（十二）捞海苔

海苔是生长于海涂上的原生态的绿色藻类，它以其独特的风味和丰富的营养价值历来被当作一种很好的食材。在三门沿海采收海苔是许多村民的一项副业（图 1-69），沿海村民把它一丝一丝晒成干海苔，也称作"苔条"，如图 1-70、图 1-71 所示。储备起来的干海苔作为家常菜食用（图 1-72、图 1-73），有些还将晒干后的海苔磨成粉状，用来做调味品或馅料（图 1-74），其中用海苔做馅料的三门小吃——海苔麦饼很有特色，海苔还可加工成休闲食品。在三门，由健跳镇东郭村和沙柳街道道岸头村村民采捞加工的海苔最有名。

图 1-69 采海苔

图 1-70 晒海苔

图 1-71 海苔条

图 1-72 海苔炒芝麻

图1-73 海苔炒花生

图1-74 海苔粉

二、礁岩作业

礁岩作业是沿海村民利用潮汐间隙,到海边的礁岩上采拾自然繁殖的野生贝、藻类的生产方式。在三门沿海礁岩上生长着许多海洋动植物,主要为牡蛎、触、海藻及各种小螺等。当潮水退去,礁岩露出后,沿海的村民乃至十几岁的小孩都会去采拾。

(一)撬蛎

牡蛎,又名生蚝、蛎蛤、牡蛤、海蛎子、蛎黄、鲜蚵、蚝仔等。牡蛎是沿海最为常见的双壳贝类软体动物,身体呈卵圆形,有两面壳,如图1-75、图1-76所示。牡蛎产于海水或咸淡水交界处,以食浮游生物为生,一般附着在退潮时露出的岩石或建筑物上(图1-77),全年均可采收。过去沿海村民是直接在礁岩上用蛎撬撬开蛎壳后将蛎肉取出,现在也有人将牡蛎整个敲下来带回家(图1-78),然后在食用前或在出售前用蛎撬撬开蛎壳将蛎肉取出。

图1-75 牡蛎

图1-76 牡蛎的内部结构

图 1-77　生长在滩涂岩石上的牡蛎

图 1-78　敲蛎

（二）打触

　　触,学名藤壶,是附着在海边岩石上的一簇簇灰白色、有石灰质外壳的小动物。触分布甚广,几乎任何海域的潮间带至潮下带浅水区都可以发现其踪迹;它们数量繁多,常密集住在一起。触的形状有点像马的牙齿,所以生活在海边的人们常叫它"马牙"。触体表有个坚硬的外壳,常被误以为是贝类,其实它是属甲壳纲的动物。触的柄部已退化,头状部的壳板则增厚且愈合成"火山状"。在顶部的"火山口"有 4 片由背板及盾板组成的活动壳板,由肌肉牵动开合,触靠伸出蔓脚捕食,主要以浮游动物中的桡脚类及蔓足类的幼生物为食。组成"火山壁"的壳板并非实心构造,由底部观察可以发现它们是由中空的隔板所组成。"火山"内的触的身体像一只仰躺的虾子,蔓足在上朝向顶部的开口,如图 1-79 所示。触在清明节前后最肥美。

　　触,在过去是没人吃的,由于近年小海鲜锐减,才有人打触。如图 1-80 所示是"讨海"人打下来的触。由于触的肉只有一点点,所以三门人一般用来煮汤（图 1-81）,当然饭店里也会先撬出触肉,再与鸡蛋同炒,如图 1-82、图 1-83 所示。

图 1-79　附着在海边岩石上的触

图 1-80　刚打下来的触

图 1-81　触汤

图 1-82　撬触肉

图 1-83　触肉炒鸡蛋

（三）挖佛手贝

　　佛手贝又名观音手、鸡冠贝、黄吉、皇冠、笔架，因形状如公鸡的冠、合掌的佛手而得名，学名龟足，属甲壳纲的节肢动物，头部呈淡黄色，柄部软质呈黄褐色，有细小鳞片，常密集于近海岛礁岩缝间。体外由若干钙质板组合成的壳裹包，固定生长在礁石的岩缝里，靠壳内的蔓足伸出，时时振动来觅食，如图 1-84、图 1-85 所示。

图 1-84　佛手贝

图 1-85　生长在岩缝里的佛手贝

佛手贝本来就不常见,再加上现在有人专门去采拾,已越来越稀少。佛手贝越是稀少,人们就越是想品尝。所以专门采拾佛手贝的"讨海"人,会在夏、秋季撑着小船到远离沿海的岛礁上去采拾。

佛手贝是一种高档海鲜,它富含碘、钙、蛋白质及维生素等,食后有恢复并增强肌体组织功能、促进血液循环和新陈代谢、延年益寿之功效,属高级营养品。

佛手贝下水烫熟,如嗑瓜子般嗑开,蘸着酱、醋调料吃,滋味极佳。也有酒浸做成醉佛手贝来品尝的,不论如何食用均清鲜无比,如图1-86所示。

图1-86 盐水佛手贝

有些人以为佛手贝的肉在"手掌"里,吃的时候要把两片合着的"手掌"掰开,其实佛手贝的肉是在"柄"内,只要把甲壳和柄部分开,就可以吃到肉了。

(四) 捡螺

旧时,当潮退后,许多村民乃至十几岁的小孩都会拿着篮子去海边捡吸附在礁岩上的小海螺。这种小海螺吃起来稍有辣味,故叫辣螺。辣螺学名疣荔枝螺,贝壳呈卵圆形,壳坚厚,壳高大于宽,螺层约6层,缝合线浅,壳顶尖,如图1-87所示。

辣螺,三门人一般用盐水煮着吃,也常与其他贝类一起用盐水煮,还可腌酱,如图1-88、图1-89所示。

图1-87 吸附在礁岩上的辣螺

图1-88 盐水辣螺

图1-89 辣螺酱

（五）抲海葵

在浙江沿海一带，如果说海葵，可能有很多人不知道，说"沙蒜"，知道的人就会多一些，因为海葵盛开时像葵花，一旦收缩起来，或者烧煮成菜，就像是一个蒜头。海葵四周长满了柔软的触须，犹如轻轻晃动的丝线，所以海边人又称海葵为"海沙线"，如图1-90、图1-91所示。

图1-90　海葵

海葵是一种软体动物，它的品种成千上万，个头大小不一，广布于海洋中，一般为单体，无骨骼，富肉质，因外形似葵花而得名。虽然海葵看上去很像花朵，但其实是捕食性动物。海葵锚靠在海底固定的物体上，如岩石和珊瑚，它们可以很缓慢的移动，且非常长寿。

图1-91　刚捕获的海葵

海葵身体具有较强的弹性，不易煮烂，咀嚼时会发出"吱嚓吱嚓"的声响，但营养价值较丰富，经常食用有滋阴壮阳之功效。海葵做法有多种，可热炒，可煨汤，煨出的汤白如乳，又鲜又脆，如图1-92～图1-95所示。

图1-92　姜丝炒海葵

图1-93　辣椒炒海葵

图1-94 红烧海葵

图1-95 海葵汤

（六）采海藻

海产藻类如紫菜、海带、石角菜、石花菜、裙带菜、海白菜（石莼）等,通常附着在海底或某种固体结构上,生长在低潮线以下的浅海区域——海洋与陆地交接的地方,如图1-96所示。

图1-96 生长在浅海中的海藻

旧时,沿海村民在农闲或不"讨海"时会去海边采海藻,这些海藻可鲜食,也可晒干(图1-97~图1-99)。现在各种海藻已是饭店的高档菜肴。

图1-97 凉拌海白菜

图1-98 凉拌裙带菜

图 1-99　海白菜干

三、浅海捕捞作业

浅海捕捞作业是沿海村民利用各种网具或木船在海洋中捕捞海产品的一种生产方式。浅海捕捞作业根据捕捞对象的不同,采用不同的捕捞方式。旧时有拗罾、张虾虮、撒网、定置张网等。随着捕捞技术的发展,又出现了新的捕捞方式,如放蟹笼、放鳗笼、帆张网、变水层拖网等。

(一) 拗罾

拗罾是旧时沿海村民常见的捕鱼方法。所谓"罾",其实是一张可开可合的活动渔网,其边长约 5~6m。这张渔网的四角被两根架成"×"形的竹竿的末端捆住,"×"架的中心点与另一根长竹竿的末端拴在一起,由"×"架的中心接出一根粗绳作为牵引绳,操纵在捕鱼人的手里。拗罾时将那根长竹竿的头部固定在岸边,拉住牵引绳缓慢放松,让罾网靠着自身的重量慢慢沉入水中,有的还在网中投入一些饵料,引诱鱼、蟹游入网中,捕鱼人若发现罾网中有鱼、蟹时,则快速拉动牵引绳,将罾网拉出水面,然后用长柄网袋将鱼、虾、蟹提取上岸,如图 1-100 所示。如果将这种拗罾装置固定在渔船上,就叫作"船罾",它的优点是哪里鱼多就可以把船划到哪里去,如图 1-101 所示。

拗罾的收获与天气、季节及罾网架设的位置有关,如果在岛礁边架设罾网,则可能收获虎头鱼、泥鱼、岩头蟹等;如果在咸淡水交汇的河口、港湾架设罾网,则可能收获鲻鱼、鲈鱼、章跳鱼、河鳗等;如果将罾网固定在船上,则会捕获一些在浅海中游动的小海鲜。

图 1-100　在岛礁边拗罾

图 1-101　船罾

1. 虎头鱼

虎头鱼喜欢躲藏在海里浅水区的石洞、石沟、石缝、石坎等处,喜贴附在岩壁上游动。因此水底有礁石、乱石、砾石分布较多的地方是它们栖息、藏身、觅食、繁衍的好地方。若将罾网架设在岛礁边,再投些鱼饵很容易将其捕获。

虎头鱼学名褐菖鲉,又称石狗公、岩头虎。虎头鱼的头部和背部都带尖锐的刺,身体颜色有暗褐色至红褐色等多种,身体两侧有 5 条不规则的深色带。虎头鱼是底栖小型鱼类,成鱼常见体长在 15～25cm 之间, 体重 100～200g 不等,如图 1-102 所示。虎头鱼食性很杂,尤喜以软体类、甲壳类、头足类等为食。

图 1-102　虎头鱼

虎头鱼肉质鲜嫩,洁白,含脂肪少,味美,无小刺,营养价值高,故也称"假石斑鱼"。常以红烧、清蒸、葱油、椒盐等方法烹饪,如图 1-103～图 1-107 所示。

虎头鱼虽好吃,但背部有毒刺,洗虎头鱼时要先将背部毒刺剪去,如果被刺中,应立即去医院处理。

图 1-103　葱油虎头鱼

图 1-104　清蒸虎头鱼

图 1-105　焖烧虎头鱼

图 1-106　椒盐虎头鱼

图 1-107　虎头鱼豆腐汤

2. 章跳鱼

章跳鱼,也称马友鱼,学名四指马鲅。章跳鱼体侧扁且延长,吻端尖突,口下位;尾鳍深叉形,背鳍、胸鳍和尾鳍均呈灰色,边缘浅黑色,鳞片细小易脱落,胸鳍下方有 4 根游离丝状软条,因而得名"四指马鲅",如图 1-108 所示。章跳鱼喜栖息于沙底海区,每年于五六月间向港湾作生殖洄游,生殖后游往外海。因此,每年春季能被拗罾者在咸淡水交汇的河口、港湾捕获。

图 1-108　章跳鱼

章跳鱼的肉质细嫩,味道鲜美,是一种良好的食用鱼类,如图 1–109～图 1–111 所示。与众不同的是,这种鱼的肉质分层,像千层糕一样层叠起来,如果腌制之后就会一层层分开,所以腌制成咸鱼味道也很好,如图 1–112 所示。

图 1–109 红烧章跳鱼

图 1–110 清蒸章跳鱼

图 1–111 香煎章跳鱼

图 1–112 章跳鱼鲞

(二)张虾蚬

虾蚬,学名中华哲水蚤,是一种小型海洋浮游动物,生活在浅海之中,如图 1–113 所示为刚捕获的虾蚬。二十世纪五六十年代,三门沿海村民几乎家家户户都在张虾蚬,如图 1–114 所示。

张虾蚬所用的网旧时由苎布、薄细布做成,现在用尼龙丝布缝制,网孔需十分细密。虾蚬网口大、身长尾小、长达 7～8m,网口直径约 2m,尾部还有一个尾袋。

张虾蚬时,网口面对着水流方向,尾部则用一根绳子系牢。涨潮时,海水涌上滩涂;退潮时,虾蚬便进入网口。此时,渔民便可撑船用竹竿捞起尾袋,松开绳子,将虾蚬放到准备好的竹篮里,然后用水筛洗净,再收入桶中。

图1-113　刚捕获的虾蚁

图1-114　"讨海"人在张虾蚁

　　张虾蚁的最佳时节在清明节至端午节之间,此时海面暖流盛行,海水的温度比较适宜,正是虾蚁繁衍的大好时节。张虾蚁一要小水潮,二要在潮平潮落时刻。因为大水潮时水流急,网具容易被损毁。

　　三门虾蚁最有名的当属夹在旗门港与海游港之间的晏站村。此处出产的虾蚁风味独特,可以鲜食,也可以腌制成咸虾蚁,如图1-115、图1-116所示。

图1-115　炒虾蚁

图1-116　咸虾蚁

　　三门张虾蚁缘起于500年前的明代,但随着社会生产力的发展、生活水平的提高、海洋环境的恶化,张虾蚁的人也越来越少,虾蚁这种海中美味也逐渐离人们远去。

(三)张蟹苗、鳗苗

　　农历三月,适逢海蟹、海鳗产卵,无数蚂蚁大小的蟹苗、头发丝粗细的鳗苗(也称鳗线)自大海进入江河口,"讨海"人拿着各种网具、容器,各显其能,并将捕到的蟹苗、鳗苗卖给养殖场。这是养殖业发展以后,沿海村民新增的一种"讨海"项目。如图1-117、图1-118所示为"讨海"人在张鳗苗、蟹苗。

图 1-117　张鳗苗

图 1-118　张蟹苗

（四）插网捕捞

插网捕鱼是一种陷阱捕鱼的方法。将长带形网具用竹竿或木杆插在潮差较大的海滩上，拦截涨潮时游入的鱼、虾类，待退潮后捡取捕获物。插网的网具结构简单，技术要求不高，也可用旧网衣构成，敷设形状和规模大小可根据海滩地形而有所不同。插网捕捞作业一般为 3～5 人，以捕获小鱼、虾为主，作业地点主要在岛礁附近，如图 1-119 所示。

图 1-119　插网捕捞

（五）放蟹笼、鳗笼

放蟹笼、鳗笼始于 20 世纪 90 年代初,捕捞对象为蟹类、鳗鱼和章鱼等。如图 1-120、图 1-121 所示为"讨海"人常用的蟹笼、鳗笼。

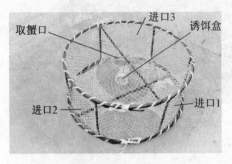
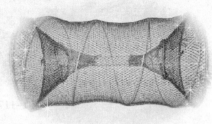

图 1-120　蟹笼　　　　　　　　　　　图 1-121　鳗笼

放蟹笼、鳗笼时,先在笼内放上诱饵,再将一只只蟹笼、鳗笼用绳子连在一起,绑上小铁锚沉放在海底,50 只左右一组,然后用塑料浮子做好标志。头天放下去,第二天收起,打开笼口,把捕获物倒在箩筐里,再重新装上诱饵,放回海里。这样重复几天后,再换一个海域继续。如图 1-122 所示为"讨海"人准备出海放笼,如图 1-123 所示为"讨海"人在收笼。放蟹笼、鳗笼的收获主要是青蟹、岩头蟹、海鳗,也有一些其他小鱼。

图 1-122　"讨海"人准备出海放笼　　　　图 1-123　"讨海"人在收笼

1. 岩头蟹

岩头蟹,学名日本蟳,属蝤蛑科。岩头蟹有坚硬的甲壳,背面灰绿色或棕红色,头胸部宽大,甲壳略呈扇状,长约 6cm,宽约 9cm;前方额缘有明显的尖齿 6 个,前侧缘亦有 6 个宽锯齿;额两侧具有短柄的眼 1 对,能活动。口器由 3 对颚足组成,前端有大小触角 2 对。胸肢有 5 对,第 1 对为强大的螯足;第 2~4 对长而扁,末端爪状,适于爬行;最后 1 对扁平而宽,末节片状,适于游泳,如图 1-124 所示。

图 1-124 岩头蟹

岩头蟹生活于浅海中,喜栖于海边沙滩的碎石块下或石隙间。常捕食小鱼、小虾及小型贝类动物,有时也食动物的尸体和水藻等。

盐水煮和葱油是岩头蟹最常见的两种吃法,如图 1-125、图 1-126 所示。

图 1-125 盐水岩头蟹

图 1-126 葱油岩头蟹

2. 梭子蟹

因蟹的头胸甲呈梭形,故名梭子蟹,三门人称"白蟹",如图 1-127 所示。梭子蟹的体色随周围环境而变异。生活于沙底的个体,头胸甲呈浅灰绿色,前鳃区具一圆形白斑,螯足大部分为紫红色带白色斑点,一部分或整个腹面为白色,前 3 对步足长节和腕节也呈白色,掌部为蓝白色,软毛棕色,指节紫蓝色或紫红色,第 4 对步足为绿色带白斑

图 1-127 梭子蟹

点,指端紫蓝色。生活在海草间的个体体色较深。梭子蟹头胸甲呈梭形,稍隆起,表面有 3 个显著的疣状隆起,1 个在胃区,2 个在心区。其体形似椭圆,两端尖尖如织布梭,故有"三疣梭子蟹"之名。两前侧缘各具 9 个锯齿,第 9 个锯齿特别长,向左右延伸。额缘具 4 枚小齿。额部两侧有 1 对能转动的带柄复眼。有胸足 5 对,螯足发达,长节呈棱柱形,内缘具钝齿;第 4 对步足指节扁平宽薄如桨,适于游泳。腹部扁平(俗称蟹脐),公蟹腹部呈三角形,母蟹腹部呈圆形,如图 1-128、图 1-129 所示。

尖脐

图 1-128 公蟹

圆脐

图 1-129 母蟹

梭子蟹为杂食性生物,鱼、虾、贝、藻均食,甚至也食同类。梭子蟹善游泳,也会掘泥沙,常潜伏海底或河口附近,性凶猛好斗,繁殖力强,生长快,在中国沿海均有分布。梭子蟹是中国重要的海产蟹之一。

秋风起,蟹儿肥,因此沿海村民会在初秋开始捕捞野生梭子蟹。梭子蟹传统的捕捞方法是用流刺网、蟹拖网捕捞。20 世纪 90 年代初开始采用笼捕技术捕捞梭子蟹。

3. 海鳗

海鳗,体长一般为 0.5～1.5m,大的可达 2m。体细长,躯干部近圆筒状,尾部较侧扁,无鳞,口大,上下颌延长,具强尖锐齿,鳃孔宽大,背、臀、尾鳍相连,胸鳍发达,如图 1-130 所示。海鳗为暖水性的底层鱼类,一般喜栖息于水深 50～80m 的泥沙底海区,有季节性洄游。海鳗性凶猛,贪食。晴天,风平浪静,海水透明度大时,多栖居于泥质洞穴内而减少取食活动;每当风浪大,水质浑浊时,多四处觅食,尤以日落黄昏至凌晨时更为活跃,游动迅速。主要以鱼类和无脊椎动物等为食,以虾、蟹、小鱼、章鱼等为主。

海鳗除鲜食外,还可做鱼圆、晒鱼干(三门人叫"鳗鲞"),如图 1-131～图 1-137 所示。

图 1–130　海鳗

图 1–131　红烧海鳗

图 1–132　清蒸海鳗

图 1–133　香煎海鳗

图 1–134　海鳗鱼圆

图 1–135　鳗鲞

图1-136 鳗鲞炒芹菜

图1-137 鳗鲞烧肉

（六）撒网捕捞作业

撒网又叫手抛网，是一种用于浅海、江河、湖泊、池塘捕捞作业的小型网具。撒网捕鱼可以单人徒步作业，也可双人船上作业（一人划船，一人撒网捕鱼），如图1-138、图1-139所示。用这种方法捕鱼的收获与捕捞的地点、季节有关。

图1-138 单人撒网作业

图1-139 双人撒网作业

每年春季，在三门健跳港总会看到有人在撒网捕捞一种有毒的鱼——河豚，如图1-140所示。

河豚是洄游鱼类，咸淡水两栖，每逢春季溯江而上，在淡水中产卵繁殖后入海。

三门健跳港上游连接白溪，下游窄深，整个港域地形呈壶状，港内多矶头、深潭，是春季洄游鱼类产卵繁殖的好地方。因此，每年春季都有很多河豚洄游到健跳港内。

图1-140 捕捞河豚

河豚也叫河鲀,体圆棱形,体背侧灰褐色,并散布有白色的小斑点,有些斑点呈条状或虫纹状。肚腹为黄白色,背腹有小白刺,鱼体光滑无鳞,呈黑黄色。河豚的胃的一部分形成特殊的袋状,一般称为膨胀囊或气囊,它可以吸入水和空气,加上无肋骨的约束和皮肤的强收缩性,因而能使腹部膨胀(图1-141);河豚的齿为愈合齿,呈鸟喙状,若身体相互接触或密度过高时,有疯狂撕咬的习性;河豚经常会将腹部朝下"坐"在海底,将身体左右剧烈晃动,拨开海底沙子,并用尾部将沙撒在身体上,埋于沙中,眼睛和背鳍露于外面;河豚眼球略外突,常可见其觅食时眼球不停转动,这是区别于其他鱼的转动眼球习性;当河豚受到惊吓或攻击时,它会在腹部膨胀成球形的同时,使牙齿或其他骨骼相互摩擦,发出"咦咦""咕咕"声,用以威吓敌害,防止敌害攻击;在水环境发生变化时,河豚会很快将胃中食物吐出。河豚一般都有洄游习性,溯河种类在繁殖季节会游到河口地区或上溯到江河中,终生生活于海洋中的种类也有向海边短距离生殖洄游的习性。每年冬季,河豚一般都要向海洋深处作越冬洄游。

图1-141 河豚

俗话说:拼死吃河豚。河豚之毒,世人皆知,每年全国各地都会传来吃河豚中毒的消息。但是,越是危险就越有人想尝尝鲜,自古以来一直如此。

生活在海边,就有了一般人享受不到的口福,各种各样的海鲜吃过无数,但没有一种鱼像河豚这般鲜美,也没有一种鱼像吃河豚时那样让人激动。第一次吃河豚的人,心中总是惴惴的,但又充满着期待。白汁河豚,汤汁爽滑,白皙如乳,肉质细嫩,入口即化,真是异常鲜美(图1-142);红烧河豚,如图1-143所示,汤汁浓郁,肉质嫩滑,鲜美异常,真是不负"食得一口河豚肉,从此不闻天下鱼"的美名。

图 1–142　白汁河豚

图 1–143　红烧河豚

河豚虽肉质细嫩、鲜美，但肝脏和血液有毒。吃河豚中毒者，在国内外屡见不鲜，所以河豚要由专业厨师烹饪。

对河豚的捕捞和食用，各地政府规定不一，有的地方禁止捕捞和食用，有的地方不但允许食用，而且还开始人工养殖，并出口日本、韩国。

（七）张网作业

张网作业是"讨海"人将渔船定置在水域中，利用水流迫使捕捞对象进入网囊的一种捕捞方式。在三门张网类作业有定置张网和帆张网作业两种形式，不同的作业形式捕捞对象也各不相同，如图 1–144 所示。

图 1–144　"讨海"人在张网作业

（1）定置张网作业。定置张网是利用打在海底的桩柱或抛下锚碇把网具固定而敷设在海中，利用潮流张捕沿岸或近海小型鱼、虾类的一种作业方式。定置张网作业是一种传统的作业方式，主要捕捞对象为水潺、梅童鱼、小黄鱼、中国毛虾等经济鱼、虾类，作业地点一般选在岛礁附近一带。

（2）帆张网作业。帆张网作业是一种新兴的大型的网,它依靠网口设置的巨大帆布,在潮力作用下使网口扩张,并迫使生活在海洋中的许多捕捞对象入网,捕捞对象以带鱼、小黄鱼、白姑鱼、斧头鱼、墨鱼等中上层经济鱼类为主。

1.中国毛虾

中国毛虾形体小,侧扁,具一对长眼柄,可在浑浊水体中辨清目标,多生活于水质较肥的水域。毛虾是一种生长迅速、生命周期短、繁殖力强、世代更新快、游泳能力弱的小型虾类,在生态习性上属于浮游动物类群,随潮流推移而游动于沿岸、河口和岛屿一带。毛虾产量大,群体集中,一网捕上来往往都是清一色的毛虾。

毛虾一般都晒干加工成虾皮,因虾小、肉坚实的干制品很易使人感觉似虾皮,因此得名,如图 1-145 所示。

虾皮营养丰富,素有"钙的仓库"之称,是物美价廉的补钙佳品,也是中西菜肴中不可缺少的海鲜调味品。据文献记载,虾皮还具有开胃、化痰等功效。虾皮营养价值高,物美价廉,用途广泛,可放汤、可炒、可作馅、可调味,如图 1-146～图 1-150 所示。

图 1-145　虾皮

图 1-146　虾皮鸡蛋羹

图 1-147　虾皮冬瓜汤

图 1-148　虾皮韭菜炒鸡蛋

图 1-149　虾皮馅包子　　　　　　　　图 1-150　炊皮拌香菜

2. 龙头鱼

　　龙头鱼又称狗母鱼、虾潺、豆腐鱼、狗吐鱼、狗奶、水龙鱼、九肚鱼,三门人叫水潺,如图 1-151 所示。龙头鱼生活在海岸和海口的浅水海区,一般长为 15～26cm,重约 75～150g。龙头鱼头大、眼小,口裂颇大,两颌牙密生,牙细而尖锐。鱼体柔软,大部分光滑无鳞,捕捞离海后上岸便死,还因其体内含水分较多,不易贮存,所以以前多加工成咸干制品,即"龙头烤",如图 1-152、图 1-153 所示。现在可鲜食,鲜食的方法有红烧、椒盐等,如图 1-154、图 1-155 所示。近几年三门人还以面粉和水潺为主要原料,开发了小吃"水潺饼"。

图 1-151　水潺

图 1-152　龙头烤　　　　　　　　　　图 1-153　油炸龙头烤

图 1-154 红烧水潺

图 1-155 椒盐水潺

3. 梅童鱼

梅童鱼又名大棘头、大头宝、烂头鱼。一般全长 40～100mm，大者全长可达 200mm，体长形，侧扁，尾柄细长，头大而圆钝。黏液腔很发达，枕骨棱除有前、后两棘外，中间尚有 2 或 3 个小棘。吻短而圆钝。梅童鱼眼较小，口大而斜，口角达于眼的后缘，上下颌牙绒毛状，列成牙带。下颌颏部无小孔。全身被鳞，鳞易脱落。梅童鱼侧线发达，背鳍棘部与鳍条部间有一凹刻，鳍棘细弱；臀鳍具 2 棘；尾鳍楔形。上部呈灰褐色，下部腹侧呈艳黄色，背鳍棘部边缘及尾鳍末端呈黑色，如图 1-156 所示。梅童鱼栖息于近海、河口和港湾的泥或沙泥底质水域。

梅童鱼肉鲜嫩，鲜食一般宜清蒸，如图 1-157、图 1-158 所示，亦可加工成鱼粉。

图 1-156 梅童鱼

图 1-157 清蒸梅童鱼

图 1-158 雪菜梅童鱼

4.带鱼

带鱼是张网作业常见的劳动成果，也是人们比较喜欢食用的一种海洋鱼类。带鱼，侧扁如带，无鳞，体表呈银灰色，背鳍及胸鳍呈浅灰色，带有很细小的斑点，尾巴为黑色。带鱼头尖、口大，到尾部逐渐变细，好像一根细鞭。带鱼是一种比较凶猛的肉食性鱼类，牙齿发达且尖利，背鳍很长，胸鳍小，鳞片退化。带鱼背鳍极长，无腹鳍带鱼的体侧扁，如带呈银灰色，腹部有游离的小刺，如图1-159所示。带鱼为暖水性中下层洄游鱼类，栖息于水深60～100m的泥质海底。白天群栖于中下水层，晚间上升到表层活动，它游动时不用鳍划水，而是通过摆动身躯来向前运动，行动十分自如。带鱼经常捕食毛虾、墨鱼及其他鱼类。

图1-159 带鱼

带鱼肉嫩体肥、味道鲜美，只有中间一条大骨，无其他细刺，食用方便，如图1-160～图1-164所示。

图1-160 红烧带鱼

图1-161 清蒸带鱼

图1-162 萝卜丝烧带鱼

图1-163 蒜苗烧带鱼

图 1-164　豆面烧带鱼

5. 斧头鱼

斧头鱼又名燕子鱼、斧鱼，是一种腹部突出、形如斧头的鱼类。头小，眼大，体侧扁，头、脊背、尾柄较平，腹部很大，酷似一把斧头，如图 1-165 所示。斧头鱼是唯一可以"飞行"的鱼，与飞鱼的滑翔不同，它们在飞行的时候快速地摆动胸鳍，像蜂鸟一样。野生的斧头鱼可以跃出水面，飞行数米远的距离，以躲避敌害的追捕。斧头鱼性格温顺，喜欢在水的上层活动，有群游性。如图 1-166～图 1-168 所示是斧头鱼常见的吃法。

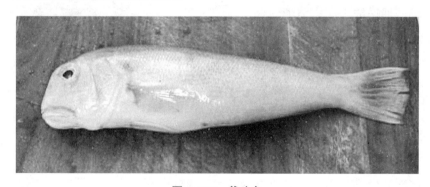

图 1-165　斧头鱼

图 1-166　清蒸斧头鱼

图 1-167　红烧斧头鱼

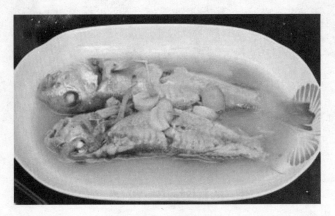

图 1-168　家烧斧头鱼

（八）拖网作业

　　拖网作业是用渔船拖曳囊袋形网具，迫使捕捞对象进入网内的捕捞作业方式，如图 1-169 所示。拖网捕捞能主动灵活地拖捕鱼群。根据不同捕捞对象的栖息水层，采用底层拖网和变水层拖网的捕捞技术，主要捕捞对象为带鱼、墨鱼、马鲛鱼、米鱼、鳓鱼、鲻鱼、白姑鱼、黄姑鱼、鲳鱼、章鱼、鱿鱼、短蛸、梭子蟹、岩头蟹、

图 1-169　"讨海"人在拖网作业

虾类及海螺、香螺等。拖网捕捞是近现代重要的捕捞作业方式之一。

　　拖网捕捞对海洋渔业资源损害极大。随着拖网作业的大发展，各国近海经济鱼类资源急剧衰退，特别是底层和近底层传统经济鱼类资源的衰退最为严重。拖网捕捞在捞走大量鱼虾的同时，还把海洋生物赖以生存的海底家园"犁"了一遍，剩下的海洋生物会更难生存。为此，世界各国采取了规定禁渔期、禁渔区和捕捞限额，限制网囊的网目尺寸等保护措施。此外，还通过开发外海、远洋深水渔场，以减轻近海底层鱼类资源的捕捞程度。

1. 马鲛鱼

　　马鲛鱼又名青占鱼或鲅鱼。马鲛鱼体形狭长，头及体背部呈蓝黑色，上侧面有数列蓝黑色圆斑点，腹部乳白色，背鳍与臀鳍之后有角刺，如图 1-170 所示。马鲛鱼在夏秋季常结群作远程洄游。

图 1-170　马鲛鱼

　　马鲛鱼刺少肉多,体多脂肪,鲜食是下饭佳肴,特别是与雪菜同煮时,味道更是鲜美异常,还可做"熏鱼",如图 1-171～图 1-173 所示。

图 1-171　雪菜烧马鲛鱼

图 1-172　马鲛鱼熏鱼

图 1-173　红烧马鲛鱼

2. 白姑鱼

白姑鱼,三门人称白梅。鱼体呈椭圆形,一般体长 20cm 左右,体重 200～400g。口大,上颌与下颌等长,上颌牙细小,排列成带状且向后弯曲,下颌牙两行,内侧牙较大、锥形,排列稀疏。额部有 6 个小孔,无颏须,体被栉鳞,鳞片大而疏松,体侧呈灰褐色,腹部呈灰白色。尾鳍呈楔形,胸鳍及尾鳍均呈淡黄色,如图 1-174 所示。白姑鱼为中下层海鱼,生殖期聚群向近岸洄游,是经济型食用鱼。食用方法以红烧、清炖为主,如图 1-175～图 1-177 所示。

图 1-174　白姑鱼

图 1-175　清蒸白姑鱼

图 1-176　红烧白姑鱼

图 1-177　白姑鱼汤

3. 黄姑鱼

黄姑鱼外形与小黄鱼相似,一般体长 20～30cm,体重 300～700g。体延长,侧扁,头钝尖,吻短钝、微突出,无颏须也无犬牙,上颌牙细小,下颌内行牙较大,颏部有 5 个小孔。体背部呈浅灰色,两侧呈浅黄色,胸、腹及臀鳍基部带红色,有多条黑褐色波状细纹斜向前方,尾鳍呈楔形,如图 1-178 所示。黄姑鱼刺少、肉嫩,而且是呈蒜瓣形的,非常好吃。食用方法以红烧、清炖为主,如图 1-179～图 1-182 所示。

图 1-178 黄姑鱼

图 1-179 红烧黄姑鱼

图 1-180 清蒸黄姑鱼

图 1-181 雪菜烧黄姑鱼

图 1-182 家烧黄姑鱼

三门人称黄姑鱼为黄三鱼。一种说法来自民间:黄鱼有七兄弟,黄姑鱼排行老三,所以叫黄三鱼。另一种说法是,黄姑鱼和黄鱼类似,像穿了一件黄色衣衫,为了与黄鱼有所区别,叫黄衫鱼。

4. 鲳鱼

鲳鱼是热带和亚热带的食用和观赏兼备的大型热带鱼类。鲳鱼体短而高,极侧扁,略呈菱形。头较小,吻圆,口小,牙细,成鱼腹鳍消失。尾鳍分叉颇深,下叶较长,体呈银白色,上部微呈青灰色,如图 1-183 所示。鲳鱼以食甲壳类为主,初夏游向内海产卵,为食用经济鱼类。鲳鱼作为餐桌上的一道美味佳肴,深受老百姓喜爱,如图 1-184～图 1-187 所示。

图 1-183　鲳鱼

图 1-184　红烧鲳鱼

图 1-185　清蒸鲳鱼

图 1-186　年糕烧鲳鱼

图 1-187　葱烧鲳鱼

5. 墨鱼

墨鱼亦称乌贼、墨斗鱼,墨鱼是头足类软体动物,与章鱼和鱿鱼近缘。据考证,墨鱼最早出现于 2100 万年前,祖先为箭石类。

墨鱼的身体像个橡皮袋子,体内有一船形石灰质的硬鞘,内部器官包裹在袋内。在身体的两侧有肉鳍,体躯呈椭圆形,颈短,头部与躯干相连,有二腕延伸为细长的触手,用来游泳和保持身体平衡。头较短,两侧有发达的眼。头顶长口,口腔内有角质颚,能撕咬食物。墨鱼的足生在头顶,头顶的 10 条足中有 8 条较短,内侧密生吸盘,称为腕;另有 2 条较长、活动自如的足,能缩回到两个囊内,称为触腕,只有前端内侧有吸盘,如图 1-188、图 1-189 所示。

图 1-188 墨鱼

图 1-189 市场上出售的墨鱼

墨鱼主要吃甲壳类、小鱼或其他软体动物。墨鱼身体扁平柔软,非常适合在海底生活。墨鱼平时做波浪式的缓慢运动,可一遇到险情,就会以 15m/s 的速度把强敌抛在身后。它不但逃走快,捕食更快。墨鱼是水中的变色能手,其体内聚集着数百万个红、黄、蓝、黑等色素细胞,可以在一两秒钟内做出反应,调整体内色素囊的大小来改变自身的颜色,以便适应环境,逃避敌害。墨鱼的体内有一个墨囊,里面有浓黑的墨汁,在遇到敌害时迅速喷出,将周围的海水染黑,掩护自己逃生。

墨鱼是我国四大海产(大黄鱼、小黄鱼、带鱼、墨鱼)之一,渔业捕捞量很大,肉质鲜美,营养丰富。墨鱼的肉可鲜食(图 1-190～图 1-193),还可以加工成鱼干,三门人称为墨鱼鲞,如图 1-194～图 1-196 所示为墨鱼鲞的常见食用方法,如图 1-197 所示为腌墨鱼蛋蒸鸡蛋。墨鱼体内的墨汁可加工为工业所用,墨囊也是一种药材。

图 1-190　炒墨鱼

图 1-191　红烧墨鱼

图 1-192　酱爆墨鱼卷

图 1-193　大烤墨鱼

图 1-194　墨鱼鲞

图 1-195　墨鱼鲞炒菜椒

图 1-196　仔排烧墨鱼鲞

图 1-197　腌墨鱼蛋蒸鸡蛋

6. 鱿鱼

鱿鱼,习惯上称它为鱼,其实它并不是鱼,而是生活在海洋中的软体动物。鱿鱼身体细长,呈长锥形,前端有吸盘,体内具有两片鳃作为呼吸器官;身体分为头部、很短的颈部和躯干部,头部两侧具有一对发达的眼和围绕口周围的腕足,如图1-198、图1-199所示。

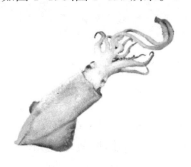

图1-198 鱿鱼

图1-199 市场上出售的鱿鱼

鱿鱼肉质细嫩,价廉物美,是百姓喜爱的海产品,如图1-200~图1-202所示是鱿鱼的常见食用方法。鱿鱼的干制品称为鱿鱼鲞(图1-203),肉质特佳,在国内外海味市场负有盛名,鱿鱼鲞的食用方法如图1-204、图1-205所示。

图1-200 大烤鱿鱼

图1-201 炒鱿鱼

图1-202 铁板鱿鱼

图1-203 鱿鱼鲞

图 1-204　芹菜炒鱿鱼鲞

图 1-205　鱿鱼鲞烧肉

7. 笔管鱼

笔管鱼又名笔管蛸、小鱿鱼、鲑姑，三门人称叽咕，如图 1-206、图 1-207 所示。形状类似鱿鱼，但相比鱿鱼短而小，体短而宽。它体型较小，最长不超过 15cm，身体左右对称，胴长是胴宽的 4 倍。头部两侧的眼眶较大，眼睛外侧有假角膜，仅以很小的泪孔与外界相通。头前和口周有 10 条腕，其中 4 对较短，腕上具 2 行吸盘，另 1 对腕较长，为触腕，顶部为触腕穗，穗上具 4 行吸盘。肉鳍长大，超过胴长的 1/2，后部内弯，两鳍相接呈纵菱形。体表有大小相间近似圆形的色素斑；内壳角质，透明，披针叶形；后部略狭。体内具墨囊。笔管蛸生活在浅海，凶猛，肉食性，以小虾、小鱼为食。笔管鱼肉质细嫩鲜美，是三门人喜欢的小海鲜，做法有红烧、白灼等，如图 1-208～图 1-211 所示。

图 1-206　游动的叽咕

图 1-207　刚捕获的叽咕

图1-208　白灼叽咕

图1-209　蒜苗炒叽咕

图1-210　红烧叽咕

图1-211　盐水叽咕

8. 米鱼

米鱼,体色发暗,灰褐色并带有紫绿色,腹部灰白,背鳍鳍棘上缘呈黑色,鳍条部中央有一纵行黑色条纹,胸鳍腋部上方有一晴斑,其余各鳍呈灰黑色。米鱼体形为两侧扁平向后延长状,背、腹部呈浅弧形,如图1-212所示。米鱼属于暖温性底层海鱼,栖息于水深15～70m、底质为泥或泥沙的海区,白天下沉,夜间上浮,喜欢小群分散活动。

图1-212　米鱼

米鱼肉味鲜美,为海产经济鱼类之一,也是经济价值较高的鱼类。米鱼除鲜食外,肉可制作鱼丸,全鱼还可制作罐头或加工成鱼鲞,鱼鳔可制鱼胶,如图1-213～图1-218所示。

图 1-213　红烧米鱼

图 1-214　青豆烧米鱼

图 1-215　米鱼鲞

图 1-216　米鱼胶

图 1-217　米鱼鲞烧肉

图 1-218　炒鱼胶

9. 鳓鱼

鳓鱼体侧扁，背窄，一般体长 25～40cm，体重 250～500g，头部背面通常有 2 条低的隆起脊。眼大、凸起而明亮，口向上翘近垂直状，两颌、腭骨及舌上均具细牙。体无侧线，全身被银白色薄圆鳞，腹缘有锯齿状棱鳞，头及体背缘呈灰褐色，体侧为银白色。背鳍短小始于臀鳍前上方，尾鳍深叉像燕尾形，如图 1-219 所示。

图 1-219　鳓鱼

鳓鱼肉白质鲜,除鲜食外,还常腌制加工成咸鳓鱼,如图 1-220～图 1-223 所示。

鳓鱼营养价值极高,其含蛋白质、脂肪、钙、钾、硒等均十分丰富;鳓鱼富含不饱和脂肪酸,具有降低胆固醇的作用,对防止血管硬化、高血压和冠心病等大有益处。

图 1-220　家烧鳓鱼

图 1-221　清蒸鳓鱼

图 1-222　梅干菜烧鳓鱼

图 1-223　肉糊蒸咸鳓鱼

资料链接

鳓鱼骨做"小鸟"

由看上去像鸟身、两头、两翅、鸟爪、鸟尾等的八件鳓鱼头骨，依自然的孔穴和缝将这些零件拼衔，能制作出栩栩如生、亭亭玉立、停立待飞的"小鸟"，如图1-224、图1-225所示。

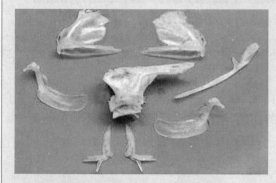

图1-224　鳓鱼骨变"小鸟"装配图

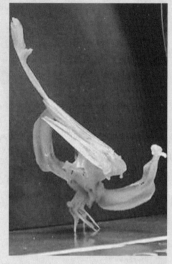

图1-225　鳓鱼骨做成的"小鸟"

10.鳎鱼

鳎鱼是一种比目鱼，体侧扁，呈片状，长椭圆形，像舌头，有细鳞，头部短小，有绒毛状的牙，两眼生在身体的右侧，有的背鳍、尾鳍与臀鳍相连，如图1-226所示。鳎鱼左侧向下卧在海底的泥沙上，捕食小鱼。食用方法以红烧、清蒸为主，如图1-227～图1-229所示。

图1-226　鳎鱼

图 1–227 红烧鳎鱼

图 1–228 油炸小鳎鱼

图 1–229 清蒸鳎鱼

11. 海螺

海螺是拖网捕捞作业顺带的海产品。海螺通常生活在沿海浅海海底,壳大而坚厚,呈灰黄色或褐色,壳面粗糙,具有排列整齐而平的螺肋和细沟,壳口宽大,壳内面光滑呈红色或灰黄色,如图 1–230 所示。因品种差异,海螺肉可呈白色至黄色不等。海螺肉富含蛋白质、维生素以及人体必需的氨基酸和微量元素,是典型的高蛋白、低脂肪、高钙质的天然动物性保健食品。

图 1–230 海螺

海螺肉丰腴细腻,味道鲜美,素有"盘中明珠"的美誉。三门人的做法有盐水海螺或炒海螺肉,如图1-231、图1-232所示。海螺壳还是制作工艺品的上好原料。

图1-231　盐水海螺

图1-232　炒海螺肉

12. 香螺

香螺是栖息于潮下带较深沙泥质海底的贝壳动物,拖网时常能捕到。香螺又名响螺、金丝螺,贝壳颜色为肉色,表面有土棕色、绒布状感觉的壳皮,如图1-233所示。香螺喜食底栖小贝类或死亡的鱼类,夏天时会在海底产下大型卵块。

图1-233　刚捕获的香螺

三门人的食用方法一般是盐水煮香螺(图1-234),也有与其他贝类同时用盐水煮,如图1-235所示。值得注意的是,吃香螺不宜与牛肉、羊肉、蚕豆、猪肉、蛤、面、玉米、冬瓜、香瓜、木耳及糖类同食;吃香螺后不可饮用冰水,否则会导致腹泻。

图1-234　盐水香螺

图1-235　盐水三贝

13. 其他鱼、蟹、虾

拖网捕捞作业还能捕获蓝圆鲹、鲭鱼、鲛鳒鱼、剥皮鱼、红花蟹、红虾等。

（1）蓝圆鲹，又名池鱼、巴浪鱼。体呈纺锤形，稍侧扁。脂眼睑发达，前后均达眼中部，仅瞳孔中央露出一长缝。上颌后端较钝圆。上下颌有一列细牙，犁骨牙群呈箭头形，腭骨和舌面中央有一细长牙带。巴浪鱼体被小圆鳞，背鳍前部上顶有一白斑，如图1-236所示。巴浪鱼属暖水性中上层鱼类，食用方法一般有红烧或清蒸，如图1-237、图1-238所示。

图1-236　巴浪鱼

图1-237　红烧巴浪鱼

图1-238　清蒸巴浪鱼

（2）鲭鱼又名青花鱼、蓝鲭鱼、竹马鲛鱼等。鲭鱼体粗壮微扁，呈纺锤形，头大，前端细尖似圆锥形，眼大位高，口大，上下颌等长，各具一行细牙。体被细小圆鳞，体背呈青黑色或深蓝色，体两侧胸鳍水平线以上有不规则的深蓝色虫蚀纹。腹部白而略带黄色，胸鳍呈浅黑色，臀鳍呈浅粉红色，其他各鳍为淡黄色，如图1-239所示。鲭鱼的食用方法一般有清蒸或红烧，如图1-240、图1-241所示。

图 1-239　鲭鱼

图 1-240　清蒸鲭鱼

图 1-241　红烧鲭鱼

（3）鮟鱇鱼俗称结巴鱼、蛤蟆鱼、海蛤蟆、琵琶鱼等。鮟鱇鱼体前半部平扁呈圆盘形，尾部柱形，身躯向后细尖呈柱形，两只眼睛生在头顶上，一张"血盆大口"长得像身体一样宽，嘴巴边缘长着一排尖端向内的利齿，嘴巴里长着两排坚硬的牙齿；腹鳍长在喉头，体柔软、无鳞，背面呈褐色，腹面呈灰白色，头及全身边缘有许多皮质突起，如图 1-242 所示。鮟鱇鱼生活在温带的海底，一般底栖静伏于海底或缓慢活动。鮟鱇鱼的鲜食方法一般有红烧，如图 1-243 所示，也可以制成鱼松、烤成鱼片。

图 1-242　鮟鱇鱼

图 1-243　红烧鮟鱇鱼

（4）剥皮鱼,学名叫绿鳍马面鲀,又叫马面鱼,因头形如马面而得名,如图1-244所示。剥皮鱼是一种暖温性近底层鱼类,鱼肉比较淡,因此用豆豉、酱油、姜丝、蒜蓉焖烧最好吃,如图1-245～图1-248所示。剥皮鱼肉可以制成美味鱼松,也可制成烤鱼片。

图1-244　剥皮鱼

图1-245　红烧剥皮鱼

图1-246　清蒸剥皮鱼

图1-247　豆豉烧剥皮鱼

图1-248　椒盐剥皮鱼

（5）红花蟹学名锈斑蟳,为肉食性动物。因身体呈浅红、有深色花纹,腹部为白色、外壳有花纹而得名,如图1-249所示。如图1-250、图1-251所示为红花蟹常见的食用方法。

图 1-249　红花蟹

图 1-250　炒红花蟹

图 1-251　蒸红花蟹

（6）红虾，也称大脚黄蜂，学名为中华管鞭虾。其体表呈浅橘红色，各腹节后缘有红色横带，尾扇后半部呈红色；眼甚大；第一触角上鞭较狭，稍长于下鞭，上下两鞭合成半纵管，以此左右鞭相连接合成一管状（图 1-252），栖息在泥质或泥沙质海域。如图 1-253、图 1-254 所示为红虾常见的食用方法。

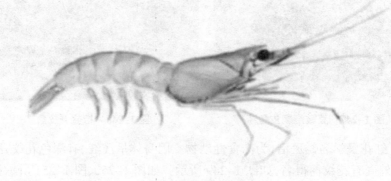

图 1-252　红虾

图 1-253 葱油红虾

图 1-254 蒜蓉粉丝红虾

 资料链接

三门特产歌谣

一

狮岭火笼红彤彤，铁场砂剑快如风。

西山蒲扇板沸栗，亭旁草帽岱阜席。

石滩杨梅甜又红，松门雪梨双手捧。

高背岩茶清又香，浬浦柑橘没有娘。

六敖甘蔗高又脆，凤凰山上产青梅。

竹墩毛竹泗淋桑，武曲花生荚荚胖。

东郭青苔铁强蛎，晏站虾虮鲜又细。

猫头黄鱼肥又黄，平岩泥螺销香港。

二

旗门青蟹健跳鱼，

平岩泥螺蛇蟠蛏，

东郭青苔铁场蛎，

亭旁豆面横渡芋，

晏站虾虮鲜又细，

猫头黄鱼黄又肥，

浬浦毛潮笑眯眯，

从呇对虾没腥味，

洞港海鲜好风味。

三

沿江生珍黑忐忐，

大域橘子红又甜，

小渔西缢蛏鲜又肥，

跃进塘蔬菜走出口，

三角塘望潮八只脚，

郑畔西瓜肉甜皮薄，

小领下白蟹两角尖，

从呇对虾没腥味。

四、"讨海"人的生活及延续

"讨海"是三门沿海村民的传统生产、生活习俗。俗话说："靠山吃山，靠海吃海"。旧时，三门沿海村民除了种田，也没有其他收入，因此"讨海"是沿海村民增加收入的主要途径。

（一）"讨海"人的生活

"讨海"人为了生计，不论寒冬酷暑，头戴一顶箬帽，腰悬一包饭团、麦饼之类的食品，或跋涉在泥泞的海涂上，或行走于礁岩之中，生活的艰苦可想而知。

近海捕捞的"讨海"人更是充满了智慧，当他们看到慌不择路的招潮蟹和弹涂鱼涌向岸边，就知道潮水快要涨起了。随着海腥味的慢慢弥散，他们知道该准备出海了。

近海捕捞的"讨海"人总是 2、3 人同船搭档出海作业，这其中不乏夫妻搭档，这种夫妻搭档出海作业的渔船被人们称为"夫妻船"。在"夫妻船"上，女人既是老板娘，又是船员。出海前帮着整理网具，出海时帮着男

图 1-255 "夫妻船"出海

人放网，收网时帮着起网，之后又要负责整理当天的渔获物品，回码头卖货、整理船舱……夫妻同心，苦中有甜，如图 1-255 所示。

图 1-256 "讨海"人的渔船

近海捕捞所用的船都是舢板船或木壳船，出海时，为了相互之间有个照应，他们常结伴同行。

近海捕捞的"讨海"人一年 365 天，除了在家种田外，其他大部分时间都在海上漂着，为此，船上除了全套的生产作业用具外，还装着锅灶、淡水罐、柴米油盐等，如图 1-256 所示。"讨海"人在船

上吃的主食一般是年糕、面条等食物。船上的空间很狭窄,通常一块高于甲板二三厘米的木板就是饭桌了,但这丝毫不会影响"讨海"人的食欲。

　　近海捕捞的"讨海"人是很辛苦的,但当他们看到船舱中堆起的各色海鲜,各种辛苦就会被抛之脑后,取而代之的是他们脸上灿烂的笑容,特别是当渔船回到码头,一大帮买小海鲜的人围着争相购买时,他们觉得辛苦的"讨海"是值得的。如图 1-257 所示为健跳港码头买卖小海鲜的情景。

图 1-257　健跳港码头买卖小海鲜的情景

　　朝九晚五的节奏历来与"讨海"人无关,靠海为生的沿海村民有着自己的一套作息规律,潮涨时出发,潮落时归来。即使在小水潮时不出海,他们也不会闲着,养护小船、修补渔网是他们必做的工作,如图 1-258、图 1-259 所示。

图 1-258　修补渔网　　　　　　**图 1-259　养护小船**

滩涂、礁岩作业相对比较安全，近海作业则有一定危险性，如遭遇狂风暴雨，村民家属经常会处于惊吓之中。他们总在祈盼着家人出海平安，由此产生了各类信仰、各种祭祀活动和言语行为禁忌。三门沿海村民信仰的对象通常有鱼司爷、平水大王等，在膜拜过程中，产生出祭海、祭网、祭船等多种祭祀仪式。在"讨海"生产生活中，沿海村民归纳出与潮汐、气象、鱼类生活习性等相关的渔谚。比如"九月九，望潮吃脚手；六月六，海涂蟹晒谷""泅水山头戴白帽，海底龙王晒硬烤""好安稳勿安稳，弹鳗钻竹棍"等。还产生了极富地方特色的渔民号子、渔歌和反映"讨海"生活的海错诗、渔民对联等。

资料链接

十二月节鱼名歌

正月腊鱼两头低，纣王糊涂宠妲姬，
妲姬娘娘眉一飞，万里江山败到底。
二月鲨鱼背脊乌，岳飞举兵洞庭湖，
牛皋大战牛头山，韩世忠炮打两狼关。
三月鲤鱼尾巴红，周仓大刀好威风，
张飞刘备和关公，三分天下称英雄。
四月海鳗两头甩，卢俊义不肯上梁山，
前番不听宋江话，官府逼迫受磨难。
五月斑鱼眼睛青，唐朝英雄程咬金，
三支令箭解到斐元庆，半路碰着老杨林。
六月弹涂蹦蹦跳，三国英雄算马超，
马超带兵追曹操，割掉胡须卸红袍。
七月米鱼味道鲜，董卓贪色霸貂蝉，
王允巧施连环计，吕布杀父在宫殿。
八月黄鱼晒白鲞，老杨林单爱虎头枪，
打过多少英雄仗，只怕罗成回马枪。
九月鲈鱼肚下光，奸人要数欧阳方，
屈斩忠良呼延寿，围困河东百万兵。
十月带鱼两头尖，赵匡胤带兵真威严，
辛辛苦苦打天下，马上做皇十八年。
十一月鲢鱼水淋淋，刘邦瑞手捧鸳鸯瓶，

幸亏公子功名成，后来一马骑双人。

十二月鱼名唱完成，外国造反红毛人，

七日七夜无输赢，吴三桂趁机进京城。

月节鱼名

正月雪里梅，

二月桃花鲻，

三鲳四鳓，

五虎六弹，

八月白蟹板，

九月黄鱼箍加箍，

十月田蟹呷老酒，

十一月湖里鲫，

十二月带鱼熬菜头吃勿息。

（注：鲳，指鲳鱼；鳓，指鳓鱼；梅，指梅童鱼；虎，指虾虎鱼；弹，指弹鳉）

随着现代海水养殖业及大规模远洋捕捞的兴起和发展，再加上"讨海"很辛苦，这直接导致年轻一代不愿意"接手"祖辈的事业，现在，三门只有 50 岁以上的村民仍坚守着祖辈的"旧业"。

（二）"讨海"人生活方式的延续

随着三门旅游业的发展，"讨小海"的生活方式也逐渐融入旅游业之中。三门蛇蟠旅游开发公司在蛇蟠岛开发了滩涂公园，让游客体验滩涂"讨小海"生活，如图 1-260、图 1-261 所示为游客在"讨小海"时的情景。三门一家旅游公司正在开发海上旅游项目，让游客体验扬帆撒网捕鱼的"讨海"生活，领略海岛景色，品尝从大海中刚捕到的海鲜，如图 1-262 所示为用来体验海上

图 1-260　游客在滩涂公园中捡海蛳

图1-261　游客在滩涂公园中划"泥马"

图1-262　用来体验海上生活的渔船

撒网捕鱼的"讨海"生活的渔船。随着旅游业的发展,"讨小海"这一古老多彩的传统生活方式得以延续,重焕活力。

　　广阔的海洋,成就了三门丰富的海产资源,美味的海鲜,也成了三门餐饮的特产。三门"讨海"人的生产生活方式,充分体现了三门人的勤劳和勇敢。

想一想,说一说

　　1.请说出下面两图中的海鲜名称。

　　2.如何看待海洋捕捞和保护生态平衡的关系?
　　3.你认为"讨海"人的哪些品质是值得传承和发扬的?

第二章

三门海水养殖与海产品

三门海水养殖的历史可追溯到清乾隆年间。早在18世纪初,浦坝港镇岙井村已开始养殖青蟹。民国初,闽粤人以蛏田养殖缢蛏的经验传到浙江沿海,三门也开始养殖缢蛏。

1949年以后,党和政府把恢复发展渔业生产作为发展三门经济的一项重要内容,加强领导,积极扶持。1985年,成立"三门湾联合开发总公司",兴建了浙江最大的对虾育苗场,如图2-1所示,形成育苗、养成、加工、销售"一条龙"体系。渔业生产已成为三门县经济的主要支柱。

图2-1　20世纪80年代三门兴建的对虾育苗场

1980年初,三门海产品养殖户投入大量的资金进行养殖塘建设,养殖模式采用单养、混养、轮养、套养等多种方式,全县养殖面积迅速扩大。1997年底,三门县凭借修建千里"50年一遇"高标准海塘坝的东风,建成近百公里标准海塘坝,为全县围塘养殖筑起了"保险带"。1998年以来,六敖镇涛头村率先进行产业结构调整,实施"种改养",当年亩效益达3000元,比种地高出5～8倍,涛头村"种改养"的成功,使三门县掀起了海产品养殖的热潮。

21世纪初,在党和政府的政策引导下,三门海水养殖的生产经营模式逐步从原来单一的一家一户转为股份合作经济组织,养殖规模也在逐步扩大,养殖方式从单养发展成混养、轮养、套养等多种模式,同时养殖信息、养殖技术、销售服务等实现共享。三门的海水养殖业又迈上了一个新台阶。

2006 年,三门在浙江省政府百万亩标准鱼塘改造的政策支持下,对老养殖塘进行集中改造,改造后的养殖塘达到"塘成方、路相通、渠相连、电到塘"的标准,养殖塘成为标准化生态养殖塘。养殖条件的改善,使养殖效益明显增加。

近年来,三门县积极实施"海洋富县"战略,打造全省海水养殖第一大县。据统计,三门有海水养殖面积 23 万亩,其中围塘养殖 9.5 万亩、滩涂养殖 12.1 万亩、浅海养殖 1.4 万亩,拥有蟹、虾、贝、鱼、藻等五大类 30 多个养殖品种,围塘养殖面积、产量稳居浙江之首,海上"蓝色牧场"建设成效显著,如图 2–2 所示。

图 2–2   三门海上"蓝色牧场"

一、滩涂养殖

在三门,滩涂养殖达 12.1 万亩,养殖的品种主要有缢蛏、牡蛎、泥蚶、文蛤、蛤蜊等。

(一)牡蛎养殖

三门牡蛎个大体肥,肉质脆嫩,味道鲜美,素有"海上牛奶"之美称,是三门特产之一。三门养殖牡蛎的方法有两种:一是条石养殖法,二是延绳养殖法(在浅海养殖中介绍)。

三门最早养殖牡蛎在健跳港上游铁强村,该村村前的海滩咸、淡水交汇,盐度适中,海滩辽阔,倾斜度较小,是牡蛎养殖的好地方。

从 20 世纪 80 年代初开始,铁强村就发动村民开发滩涂,实行大规模养殖牡蛎,但那时是村里集体养殖,经济效益不高。2005 年 5 月,铁强村两委研究决定,把这些滩涂都收回来,采取招投标统一承包给 130 多户村民,提高了他们养殖的积极性,也增加了村里的经济收入。

其他地方牡蛎养殖采用橡胶带,有从铁强村养殖户承包以来,改变以往的养殖方式,采用条石养殖。他们买来条石插在滩涂上,平均每亩滩涂可插 3000 多根条石,到 5 月份,牡蛎自然在条石上生发起来,这样的牡蛎无污染。所以,铁强牡蛎以个头大、味道鲜美、肉肥、口感细腻、无污染而闻名台州、宁波、温州等地,深受消费者的青睐。

2009 年 2 月,铁强村成立三门县牡蛎养殖专业合作社,把 35 户养殖户组织到合作社里,对牡蛎实行统一养殖、统一管理、统一技术指导、统一销售,稳定了市场价格,提高了经济效益。

经过 20 多年的开发,现在铁强村牡蛎养殖面积发展到 1500 多亩,成为三门县牡蛎养殖专业村和最大的牡蛎养殖基地,如图 2-3 所示。单单牡蛎这一项,每年就能为全村带来 500 多万元的经济收入。

图 2-3　铁强村条石养殖牡蛎

三门人一般用牡蛎做汤、煮豆腐,当然饭店有精致的做法,牡蛎肉还可制成干,如图 2-4～图 2-10 所示。

图 2-4　牡蛎豆腐汤

图 2-5　牡蛎烧豆腐

图 2-6　葱油牡蛎

图 2-7　牡蛎炒鸡蛋

图 2-8　铁板牡蛎

图 2-9　牡蛎炒蒜苗

图 2-10　牡蛎肉干

（二）缢蛏养殖

三门缢蛏养殖历史悠久,据宋嘉定年间宁海学者写的《风俗篇》中记载:"近则采螺蚌蛏哈虫遥蛎之属,以自赡给或载往他郡为商贾。"说明三门湾一带早在千年前已产蛏子作为商品。三门缢蛏人工养殖最早见于清《宁海县志》记载:"蛏、蚌属,以田种之谓蛏田,形狭而长如中指,一名西施舌,言其美也",如图2-11所示。据《三门县志》记载,1953年海涂养蛏418亩,农业合作化后,1957年开展多种经营,养蛏增加到1152亩。1980年以来,随着三门湾海涂资源的开发利用,对虾、缢蛏等海水养殖业得到迅速发展,从1985年至今,三门县海水养殖产量年年居全省首位。目前,三门缢蛏养殖面积7万亩,年产量4.5万余吨,产值约6亿元。2003年12月,三门缢蛏通过了无公害农产品认证;2004年,浙江省人民政府和浙江省海洋与渔业局授予三门县"浙江省缢蛏之乡"称号;2005年,三门缢蛏在中国国际农产品交易会上获得畅销产品奖;2009年,三门缢蛏获"台州名牌产品"称号;2009年7月,三门缢蛏通过了中国绿色食品发展中心的认证,被认定为绿色食品A级产品;2011年初,三门缢蛏被国家工商总局商标局核准为地理标志证明商标。三门缢蛏养殖产业既是当地海洋经济的重要支柱产业之一,也是沿海村民致富奔小康的主要门路。

图2-11 蛏田

多年来,三门水产养殖技术人员一直积极致力于三门缢蛏的高产养殖技术的研究和实践。通过努力探索,总结出一套适应三门实际的无公害缢蛏养殖技术,在养殖模式上基本采用滩涂养殖和围塘养殖。滩涂养殖具有操作简单、投资省、成本低、收益大等特点。

三门缢蛏最有名的要数花桥镇村民在红旗塘、下栏塘养殖的缢蛏。花桥镇目前共有养殖塘9200亩,分布在红旗塘、下栏塘、芝岙塘、北岙塘、岭南塘、栅下塘。

花桥镇村民养殖的缢蛏个体大小均匀,贝壳完整,无畸形,表面清洁,壳色呈灰白色,壳表有黄绿色壳皮,对外界刺激有反应,双壳能闭合,干放时足部与进排水管能收缩,肥满度高。其肉色洁白鲜嫩,活体剥开后,整体肌肉富有弹性,足部呈半透明状,呈奶白色;口尝肉质鲜嫩、味美,具有缢蛏固有的气味,无异味,营养丰富,在全县享有盛名。图2-12所示为刚捕捞的缢蛏,图2-13所示为养殖户在出售刚捕捞的缢蛏。

图2-12　刚捕捞的缢蛏　　　　　图2-13　养殖户在出售缢蛏

2012年3月18日,三门县花桥镇政府成功承办了首届"三门花桥缢蛏节"。缢蛏节由"花桥蛏鲜天下"——蛏子宴、抲蛏比赛,"难忘故土"——花桥籍在外知名人士座谈会,"魅力花桥"——花桥民俗展,"走进花桥"——生态自驾游,"一方故土"——蛏田认领仪式,"微博看花桥"——网络名家走进花桥采风活动等活动组成,如图2-14、图2-15所示。

图2-14　缢蛏节开幕式　　　　　图2-15　抲蛏比赛

缢蛏在食用前,先洗净壳外泥巴,并放养于含有少量盐分的水中,待缢蛏腹中的泥沙吐净,即可烹饪。

三门缢蛏肉嫩而鲜,风味独特,是佐酒的佳肴。古人曾有诗赞道:"沙蜻四寸尾掉黄,风味由来压邵洋;麦碎花开三月半,美人种子市蛏秧。"

三门人一般用盐水煮、姜葱炒、铁板烤等方法烹制缢蛏,如图2-16~图2-21所示。缢蛏除蒸煮后鲜食外,蛏肉还可晒制成干,如图2-22~图2-24是蛏肉干及蛏肉干两种吃法。

图 2-16　盐水蛏

图 2-17　姜葱炒蛏

图 2-18　红烧蛏

图 2-19　铁板蛏

图 2-20　盐焗蛏

图 2-21　蛏肉炒蒜苗

图 2-22　蛏肉干

图 2-23　蛏肉干烧豆面

图 2-24　蛏肉干烧猪肚

 资料链接

山里人吃蛏子

　　以前有个山里人到海边的朋友家做客,朋友烧煮了很多海鲜,其中有蛏子。吃饭时,只见山里人夹起蛏子带壳就往嘴里送,嚼了几口说:"松脆倒挺松脆的,也鲜,就是肚肠太多了点。"

　　三门养蛏业的发展,还培育了一批柯蛏能人,如三门花桥镇就有上千人从事柯蛏这一行业,三门人称他们为"柯蛏客",他们是游走于省内外蛏田里的候鸟。

　　农历十一月份到转年清明节,三门本地的蛏子肥了,"柯蛏客"就到下栏塘、红旗塘或蛇蟠去柯蛏。到了五月份,江苏的蛏子肥了,这些"柯蛏客"又会组团到那边去,八九月份再回来。他们会随着缢蛏而四处"迁徙"。

　　柯蛏时,"柯蛏客"在蛏田里一字排开,双脚插在淤泥里,顺着缢蛏喷水的方向,用专用小铁锹铲开淤泥,翻出缢蛏,双手快速捡起,如图 2-25 所示。如果是外海,滩涂较软,"抲蛏客"只能用双手慢慢插进深深的软泥中,取出深藏泥涂中的缢蛏。

"抲蛏客"很辛苦,在寒冬腊月里,即使穿着防水裤,大腿以下部位还是常常被冻得没了知觉。由于要不断地铲泥抲蛏,劳动量较大,他们上身穿的衣服经常被汗水浸透。另外,长时间弯腰作业,会累得腰酸背痛。但是当他们得到丰厚的报酬时,这一切又算什么呢?

图 2-25 "抲蛏客"在抲蛏

(三)其他贝类养殖

三门滩涂养殖的贝类小海鲜,除缢蛏外,还有泥蚶、毛蚶、花蛤、蛤蜊、海瓜子等。

1. 泥蚶和毛蚶

泥蚶,又名粒蚶、血蚶、花蚶,是中国传统的养殖贝类。泥蚶贝壳极坚厚,卵圆形,两壳相等,极膨胀,尖端向内卷曲。韧带面宽,角质,有排列整齐的纵纹。壳表放射肋发达,肋上有颗粒状结节。泥蚶壳表呈白色,生长线明显;壳内面呈灰白色,无珍珠质层。铰合部直,具细而密的片状小齿,前闭壳肌痕呈三角形,后闭壳肌痕呈四方形。泥蚶血液中含有血红素,故蚶肉呈红色,如图 2-26 所示。泥蚶喜栖息在淡水注入的内湾及河口附近的软泥滩涂上。泥蚶为滤食性贝类,以硅藻类和有机碎屑为食。如图 2-27 所示为养殖户在采收泥蚶。

图 2-26 泥蚶

图 2-27 采泥蚶

泥蚶肉味鲜美,可鲜食或酒渍,亦可制成干品。壳可以入药,有消血块和化痰积的功效。

毛蚶又名毛蛤。毛蚶壳面膨胀呈卵圆形,两壳不等,壳顶突出而内卷且偏于前方;壳面放射肋,肋上有方形小结节;铰合部平直;壳面呈白色,被有褐色绒毛状表皮。毛蚶生活于浅海水深 20m 以内的泥沙底中,以水深 2～10m 处较多,栖息水域以有适量淡水流入的内湾较适宜,主要食物为硅藻和有机碎屑。毛蚶血液中含有血红素,故蚶肉呈红色,如图 2-28 所示。

图 2-28　毛蚶

泥蚶和毛蚶很相近,一般人很难区别,三门人一般也不加区别都叫毛蚶。毛蚶肉肥,除蒸煮后鲜食外,毛蚶肉还可晒制成干品,如图 2-29～图 2-31 所示。

图 2-29　盐水毛蚶

图 2-30　炒蚶肉

图 2-31　毛蚶肉干

2. 花蛤、蛤蜊、海瓜子

花蛤,俗称文蛤,贝类中的珍品,因贝壳表面光滑并布有美丽的红、褐、黑等色花纹而得名。花蛤贝壳小而薄,呈长卵圆形,如图 2-32 所示。花蛤是常见的贝壳类海产品。涨潮时,升至滩面,伸出水管进行呼吸、摄食和排泄等活动;退潮后或遇到外界刺激时,则双壳紧闭,或依靠足的伸缩活动退回穴底,在滩面上留下两个靠得很近的由出、入水管形成的孔。蛤仔的穴居深度,随其个体大小、底质组成和季节的变化而有所不同。个体小的、底质较软的或水温较高的季节,穴居较浅;而个体大的或在寒冷的冬季,则潜入较深。但总的说来,穴居深度一般在3~15cm。

三门人的食用方法一般是盐水煮花蛤或姜葱炒花蛤, 如图 2-33、图 2-34所示。花蛤除蒸煮后鲜食外,还可将肉制成干,如图 2-35 所示。

蛤蜊,软体动物,壳卵圆形,淡褐色,边缘紫色,它的生活习性与花蛤类同,只是个头比花蛤要大,如图 2-36 所示。蛤蜊肉质鲜美无比,被称为“天下第一鲜”“百味之冠”。

图 2-32 花蛤

图 2-33 盐水花蛤

图 2-34 姜葱炒花蛤

图 2-35 花蛤肉干

图 2-36　蛤蜊

　　三门人吃蛤蜊一般做汤或爆炒蛤蜊肉,如图2-37～图2-39所示。蛤蜊除蒸煮后鲜食外,亦可将肉制成干。

图 2-37　蛤蜊蒸蛋

图 2-38　蛤蜊汤

图 2-39　炒蛤蜊肉

　　海瓜子,学名梅蛤,多产于潮汐频繁的泥滩中。海瓜子因其形状大小似瓜子而得名,如图2-40所示。其贝壳呈长卵形,长仅2cm,壳极薄而易碎,表面灰白略带肉红色,常潜于泥涂中约5～6cm处。肉肥,盛产于梅季。

古人有《咏海瓜子》诗："冰盘推出碎玻璃,半杂青葱半带泥。莫笑老婆牙齿轮,梅花片片磕瓠犀。"

海瓜子,三门人一般炒着吃,如图 2-41 所示。

图 2-40 海瓜子

图 2-41 炒海瓜子

(四)弹鲑围网养殖

2010 年,三门有养殖户在沿岸的滩涂上用围网的方式试养弹鲑。养殖户在四五月份弹鲑繁殖季节,把随潮水而来的野生弹鲑苗用围网拦截在自然海区,让它们在指定的滩涂上生长,如图 2-42 所示。

2011 年,三门有专业合作社在浦坝港沿岸的滩涂上用围网的方式大面积专业养殖弹鲑,并为他们养殖的弹鲑及加工的弹鲑干注册了"天下第一跳"商标。

图 2-42 弹鲑围网养殖

（五）沙蚕养殖

沙蚕是无脊椎动物,长2.5～90cm,一般呈褐色、鲜红色或鲜绿色,头部有锐利可伸缩的腭。身体第1节有2根短触手和4个眼,第2节有4对触手状须。体节数可超过200,除前2节外,各有1对疣足,用于移动。沙蚕长得像蜈蚣,所以也叫海蜈蚣,如图2-43所示。沙蚕在潮间带极为习见,亦见于深海,在沿岸石块下、石缝中、海藻丛间以及珊瑚礁或软底质中均能生存。

图2-43 沙蚕

图2-44 沙蚕养殖基地

2013年,三门有专业合作社在浦坝港沿岸建设沙蚕养殖基地,并实行工厂化管理模式管理养殖基地,如图2-44所示。

沙蚕的成虫和幼虫均为经济鱼类和虾类的饵料。沙蚕营养丰富,沿海居民视沙蚕为营养珍品。干制后,煮汤白如牛奶,味极鲜美,且浓度大,有"天然味精"之称,油炸后酥松香脆,为下酒佳肴,如图2-45～图2-47所示。

图2-45 青蒜炒沙蚕

图2-46 干沙蚕汤

图2-47 油炸沙蚕

二、围塘养殖

围塘养殖，也称海水池塘养殖，三门围塘养殖面积达 9.5 万亩，养殖的主要品种有青蟹、白蟹、对虾、小白虾、缢蛏、毛蚶等，采用各品种搭配混合养殖和种养结合的方式养殖。

（一）青蟹养殖

三门青蟹的养殖历史悠久，清乾隆年间浦坝港镇岳井村已开始养殖，后时断时续；清朝光绪二十七年（1901）就有记载："宪舌札汾，对沿海天涨沙涂（宜养蛏、蟹涂地），会委勘丈，着令各户认垦，给照营业。"民国三十五年（1946），猫头村曾设立"中央政府养殖办事处"，从事蛏、青蟹养殖，三门流传"若要富，靠海涂，要造房，养蟹王"的渔谚。1949 年以后，滩涂养捕逐渐发展，沿海村民采用多种方法提高青蟹捕养产量，采用网捕，当地人称"放蟹拎"，也采用"放蟹洞"，收诱青蟹入洞蜕壳捕之，特别肥壮。由于资源丰富，村民食用不完，就想方设法养下来。开始用"空酒坛子"埋在滩涂中，把蟹放在坛内进行养殖，产量较低；后来在滩涂上挖坑，再在坑上盖石板供青蟹蜕壳，人称"石板舱"养殖法，但防逃效果不好。80 年代初期，青蟹人工养殖迅速发展，养殖户投入大量的资金进行养殖塘建设，养殖模式采用单养、混养、轮养、套养等多种方法，全县养殖面积迅速扩大。1997 年底，三门县凭借修建千里"50 年一遇"高标准海塘坝的东风，建成近百公里标准海塘坝，为全县围塘养青蟹筑起了"保险带"。1998 年，六敖镇涛头村首先进行产业结构调整，实施"种改养"，当年亩效益达 3000 元，比种地高出 5～8 倍。涛头村"种改养"的成功，使三门掀起了青蟹养殖热潮。2003 年，全县青蟹养殖 8.5 万亩，产量达 1.22 万吨，一举成为国内最大的青蟹养殖基地。2004 年，三门获得了"中国青蟹之乡"称号。如图 2-48～图 2-50 所示为三门蛇蟠青蟹养殖基地及青蟹养殖、捕捞时的实况。

图 2-48 蛇蟠青蟹养殖基地

图 2-49　青蟹养殖户在投料　　　　图 2-50　青蟹养殖户在捕捞青蟹

2007 年，三门某水产养殖专业合作社技术人员根据青蟹蜕壳所需时间、最佳温度等资料培育出能够确保在一周内都保持软壳状态的青蟹，这种青蟹与普通青蟹相比，其最大特点在于全身软壳皆可食，营养附加值更高、口感更好，而且价格也更贵。

2007 年，三门建成锯缘青蟹良种场；2008 年，三门建成锯缘青蟹原种场。良种场和原种场的建成既解决了三门锯缘青蟹苗种紧缺的难题，又保护了三门青蟹的优良性状。

2011 年，三门某食品公司采用传统制作工艺，推出秘制醉青蟹，开创了国内青蟹"生吃"的先河，秘制醉青蟹被评为台州十大名菜之一。秘制醉青蟹的加工出现，意味着三门青蟹开始走向深加工。

2012 年，三门青蟹养殖技术人员攻克青蟹笼养技术，使三门青蟹从围塘养殖走向自然海区养殖，实现了青蟹养殖业的"转型升级"。

2013 年，三门青蟹采用"大棚养殖"攻克了青蟹越冬养殖难题。

三门青蟹养殖技术在不断创新，三门青蟹产业在拓展……

三门青蟹先后荣获"国家地理标志保护产品""国家地理标志证明商标""中国名牌农产品""中国有机产品""中国著名品牌""中国国际农业博览会金奖""浙江名牌产品""三门青蟹中国研究基地"等十余个奖项。三门青蟹产业的崛起还带动了其他养殖业及餐饮、休闲旅游等产业的发展。

三门青蟹既是大自然赐予三门人的宝贵财富，也是历代三门人精心培育的结果。近几年，为保护青蟹品牌，三门制定了中国第一个青蟹地方标准，同时开发了青蟹专用包装礼盒，提高了产品档次，刷新了"青蟹之乡"的形象，如图 2-51～图 2-53 所示。三门已建成全国最大的青蟹养殖场，并形成一大批养殖大户，三门青蟹养殖面积近 10 万亩，年产商品蟹 1 万多吨，占浙江省总量的 1/3，占全国总量的 1/9，产值达 10 多亿元。三门建起了全国最大的也是中国第一个青蟹专业市场,从事青蟹销售的人员达上万人,经过这些青蟹经销大户的营销,使三门青蟹走向全国,"横行"世界,如图 2-54 所示为三门中国青蟹城。

图 2-51　三门青蟹的捆扎

图 2-52　三门青蟹的激光标志

图 2-53　青蟹包装盒

图 2-54　三门中国青蟹城

　　三门县政府为推广三门青蟹文化、打响三门青蟹品牌,从 2002 年开始,已成功举办了五届青蟹节,极大地提高了三门青蟹的知名度和美誉度,促进了三门青蟹养殖业的发展,增加了养殖户的经济收入,也为三门社会经济发展插上了腾飞的翅膀。

　　青蟹在食用前,先带缚用清水冲洗,再杀之(可用筷子从青蟹双眼刺入破坏其中枢神经,使其螯足放松,如图2-55 所示),而后去缚刷干净。

　　青蟹的烹饪方法约有二十余种,最常见的有盐水煮青蟹、葱油青蟹、清蒸青蟹、炒青蟹、芙蓉青蟹、青蟹煲等,还可用青蟹烫面,如图 2-56～图 2-65所示。

图 2-55　杀青蟹

图2-56　水煮青蟹

图2-57　葱油青蟹

图2-58　清蒸青蟹

图2-59　炒青蟹

图2-60　芙蓉青蟹

图2-61　青蟹番茄豆腐煲

图2-62　青蟹洋芋煲

图2-63　青蟹豆面煲

图 2-64 青蟹煮垂面

图 2-65 青蟹煮米面

对于整蟹烹饪的熟蟹,在食用前应先去壳、去鳃、去胃、去脐,才可享用,如图 2-66 所示。

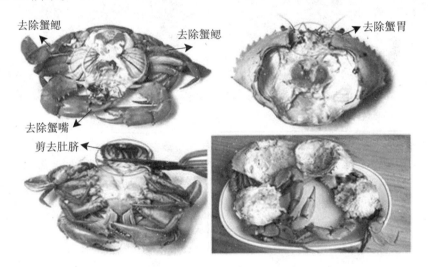

去除蟹鳃　　　去除蟹鳃　　　去除蟹胃

去除蟹嘴

剪去肚脐

图 2-66 青蟹的食用方法

(二)梭子蟹养殖

梭子蟹,三门人称为白蟹,由于白蟹离水很快会死掉,所以三门人也称为"死白蟹"。过去,三门人很少吃白蟹,更没人养。近几年随着市场需求的出现和增加,三门才有专业合作社和养殖户开始在蛇蟠乡、浦坝港镇的养殖塘内养殖白蟹。

围塘养殖梭子蟹,一是采用传统的沙池养殖法养殖。由于白蟹无钻洞和无越堤外逃能力,养殖塘不需建筑特殊的防逃设施,但白蟹生性凶猛,相互残杀严重,为了提高养殖成活率,应在池塘中设置隐蔽物和障碍物,以减少相互残杀,提高白蟹成活率。二是蟹贝混养,这是一种生态养殖方法。采用这种方法养殖白蟹,既能保持白蟹的野生肉质和口味,又能提高养殖塘的利用率。

白蟹肉色洁白,肉多,肉质细嫩,膏似凝脂,味道鲜美,尤其是两钳状螯足之肉,呈丝状而带甜味,蟹黄色艳味香,食之别有风味,因而久负盛名,居海鲜之首。如清代李渔所言:"蟹鲜而肥,甘而腻,白似玉而贵似金,已造色香味三者之极,更无一物可以上之。"

白蟹一般的食用方法是清蒸,将其肉蘸以姜末醋汁,佐以醇酒,别有风味,如图2-67～图2-70所示。唐代大诗人白居易有言"陆珍熊掌烂,海味蟹螯成",将海蟹螯足与熊掌相提并论。白蟹还可腌制蟹酱、腌制全蟹(醝蟹)、制成罐头等,蟹壳可做甲壳素原料。

图2-67　清蒸白蟹

图2-68　葱油白蟹

图2-69　油煎白蟹

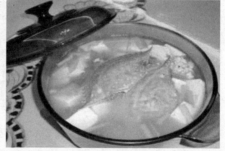

图2-70　白蟹豆腐煲

(三)小白虾养殖

小白虾,学名脊尾白虾,只产于中国附近海域。小白虾是一种中型虾类,成虾体长5～9cm,腹部第3节至第6节背面中央有明显的纵脊,故名。小白虾额角侧扁细长,基部1/3具鸡冠状隆起,上下缘均具锯齿,上缘具6～9齿,下缘3～6齿。尾节末端尖细,呈刺状。小白虾体色透明,微带蓝色或红色小斑点,腹部各节后缘颜色较深。死后体呈白色,煮熟后除头尾稍呈红色外,其余部分都是白色的,故称"白虾",如图2-71、图2-72所示。

图 2-71　游动的小白虾

图 2-72　刚捕获的小白虾

　　小白虾一般生活在近岸的浅海中,盐度不超过 29‰ 的海域或近岸河口及半咸淡水域中、水温在 2~35℃ 范围内均能成活,甚至在水温为 -3℃ 时也可生存。冬天低温时,有钻洞冬眠的习性。

　　小白虾生长快,养殖周期短,繁殖力高,是海水养殖的主要品种之一。在三门,小白虾既有专业合作社养殖,也有农户家庭养殖,目前主要采用虾贝混养的方式养殖小白虾。

　　小白虾的繁殖能力强,雌虾可以连续产卵,养殖池内小白虾的繁殖盛期为 4~6 月和 8~9 月,其中 5~6 月为高峰期。小白虾长到 4cm 以上只需 2~3 个月,生长周期短,一年可以多次起捕。捕捞的方法有放水收虾、拉网收虾、地笼起捕等。

　　小白虾一般鲜食,也可以制成虾米,卵可以制成虾子酱。三门小白虾味道鲜美,肉质润滑,得到人们的喜爱,如图 2-73~图 2-77 所示是小白虾常见的吃法。

图 2-73　盐水小白虾

图 2-74　椒盐小白虾

图 2-75　油炸小白虾

图 2-76　醉虾

图 2-77　小白虾炒豆面

（四）南美白对虾养殖

南美白对虾,学名凡纳对虾,原产于南美洲太平洋沿岸海域,20 世纪 80 年代初由美国引进,故称南美白对虾,如图 2-78、图 2-79 所示。南美白对虾栖息于泥质海底,是广温广盐性热带虾类。

图 2-78　游动的南美白对虾

图 2-79　刚捕获的南美白对虾

南美白对虾具有个体大、生长快、营养需求低、抗病力强等优点,对水环境变化的适应能力较强,对饲料蛋白含量要求低,出肉率高达 65% 以上,离水存活时间也长,是集约化高产养殖的优良品种。

三门南美白对虾养殖始于20世纪80年代,90年代曾一度萎缩,21世纪初又开始围塘养殖,2010年开始实施南美白对虾与"东方密1号"哈密瓜型甜瓜结合种养新模式,2012年开始温室大棚工厂化养殖,一年可以养三茬,如图2-80、图2-81所示。2014年开始实施虾贝混养,养殖塘的利用率、种养殖经济效益在不断提高。

图2-80 对虾温室养殖大棚

图2-81 养殖户在对虾养殖大棚中投料

南美白对虾壳薄体肥,肉质鲜美,营养丰富。对虾鲜食的方法如图2-82~图2-89所示。还可以制成虾干、虾仁干,如图2-90、图2-91所示。如图2-92~图2-95所示为虾干、虾仁干的常见吃法。

图2-82 盐水对虾

图2-83 红烧对虾

图2-84 蒜泥粉丝蒸对虾

图2-85 香辣对虾

图 2-86　黄秋葵炒虾仁

图 2-87　芦笋炒虾仁

图 2-88　西芹炒虾仁

图 2-89　三色虾仁

图 2-90　虾干

图 2-91　虾仁干

图 2-92　虾干炒苦瓜

图 2-93　虾干笋干丝瓜汤

图 2-94 虾仁干炒西蓝花

图 2-95 虾仁干冬瓜汤

(五)斑节对虾养殖

　　三门人在不断探索南美白对虾养殖新方法的同时,也在不断探索对虾养殖的品种。21世纪初,有专业合作社在红旗塘养殖斑节对虾。

　　斑节对虾,俗称草虾、花虾、竹节虾、斑节虾、大虎虾。斑节对虾体表光滑,壳稍厚,体色由棕绿色、深棕色和浅黄色环状色带相间排列,如图2-96、图2-97所示。斑节对虾喜栖息于沙泥或泥沙底质,一般白天潜伏不动,傍晚食欲最强,开始频繁的觅食活动。斑节对虾能耐高温和低氧,抗病能力较强,但对低温的适应力较弱。斑节对虾生长快,适应性强,食性杂,是养殖的优良品种之一。斑节对虾养殖是高投入、风险大的产业,特别是到养殖后期,大量投饵,投入急剧增加。随着养殖时间的延长,由于池底残饵的积累、虾排泄物的污染越来越严重,斑节对虾患病、缺氧造成损失的危险性也随之增大。因此,当斑节对虾达到商品规格时,就必须抓紧时间收虾。

　　斑节对虾肉质鲜美,营养丰富,是消费者欢迎的名贵虾类,食用方法与南美白对虾类同。

图 2-96 斑节对虾

图 2-97 刚捕获的斑节对虾

（六）鲻鱼和鲈鱼养殖

鲻鱼和鲈鱼一般生活在咸淡水交汇处，在三门围涂海塘的河港内均有生长，但数量有限。随着养殖业的发展，三门有专业合作社开始在养殖塘内养殖鲈鱼、鲻鱼、海鲫鱼等，也有专业合作社在咸淡水交汇的河港内网箱养殖。

1. 鲻鱼

鲻鱼，体延长，前部近圆筒形，后部侧扁，一般体长 20～40cm，体重 500～1500g。全身被圆鳞，眼大，眼睑发达。牙细小呈绒毛状，生于上下颌的边缘。背鳍 2 个，臀鳍有 8 根鳍条，尾鳍呈深叉形。体、背、头部呈青灰色，腹部呈白色，如图 2-98 所示。鲻鱼是温热带浅海中上层优质经济鱼类，它虽产于海中，但对盐度的适应范围很广，在海水、咸淡水中均能正常生活。

图 2-98　鲻鱼

早在 3000 多年前，鲻鱼已成为王公贵族的高级食品。鲻鱼肉质厚，味鲜美，营养丰富，含蛋白质达 22%，无细骨，鱼肉香醇而不腻，不但可作饭店、酒家的宴席佳肴和百姓美食，若将其加工成鱼糜、鱼丸、鱼片、鱼罐头等产品，更可成为营养、保健、方便和美味兼备的食品，而其鱼卵制成的鱼子酱，更是驰名中外的珍馐美味。

鲻鱼吃法多种多样，可清蒸、红烧，也可用来做鱼片汤，如图 2-99～图 2-101 所示。

图 2-99　红烧鲻鱼

图 2-100　清蒸鲻鱼

图 2-101　鲻鱼片汤

2. 鲈鱼

鲈鱼,俗称鲈鲛。体侧扁,头中等大,上颌骨后端膨大,伸达眼缘后下方,上下颌牙带状、细小,犁骨和腭骨均具绒毛状牙,体背侧呈灰青绿色,如图 2-102 所示。鲈鱼是近岸浅海中下层鱼类,常栖息于河口咸淡水处,也可生活于淡水中,春夏间幼鱼有成群溯河习性,冬季返归海中,主食鱼、虾等。

图 2-102　鲈鱼

鲈鱼分布于太平洋西部、中国沿海及通海的淡水水体中,黄海、渤海较多,为常见的经济鱼类之一,也是发展海水养殖的品种。鲈鱼肉质白嫩、清香,没有腥味,肉为蒜瓣形,最宜清蒸或红烧,如图 2-103～图 2-105 所示。

图 2-103　红烧鲈鱼

图 2-104　清蒸鲈鱼

图 2-105　番茄汁鲈鱼

（七）河鳗海水养殖

河鳗通常生活在天然淡水水体之中。2009 年,三门有养殖公司在下栏塘利用高位池海水养殖河鳗,并取得成功。

河鳗学名鳗鲡,它在地球上存活了几千万年,是传统名贵鱼类,也是世界上最神秘的鱼类之一。它的生长过程极为奇特,先是在海水中产卵成苗,后又进入淡水成长。河鳗能用皮肤呼吸,离开水时只要皮肤保持潮湿,就不会死亡,寿命可长达 50 年。

河鳗似蛇,鳞片细小,如图 2-106 所示。雄鳗通常成长于咸淡水交汇的江河口;而雌鳗则逆水上溯进入江河的干、支流和与江河相通的湖泊,有的甚至跋涉几千公里到达江河的上游各水体,并在江河湖泊中生长、发育,往往昼伏夜出,喜欢流水、弱光、穴居,具有很强的溯水能力,其潜逃能力也很强。到达性成熟年龄的雌鳗,会在秋季游至江河口与雄鳗会合,继续游至海洋中进行繁殖。雌鳗一生只产一次卵,产卵后即死亡。

图 2-106　河鳗

河鳗常在夜间捕食,其食物中有小鱼、蟹、虾、甲壳动物和水生昆虫,也食动物腐败尸体。摄食强度及生长速度随水温升高而增强,一般以春、夏两季为最高。水温低于15℃或高于30℃时,食欲下降,生长减慢;10℃以下停止摄食。冬季潜入泥中,进行冬眠。

河鳗不仅可以降低血脂,抗动脉硬化,抗血栓,还能为大脑补充必要的营养素,促进儿童及青少年大脑发育,增强记忆力,也有助于老年人预防大脑功能衰退,更是女士们的天然高效的美容佳肴。

河鳗肉质细嫩,味美,具有相当高的营养价值。民间视河鳗为高级滋补品,称之为"水中人参"。如图2-107～图2-110所示为河鳗常见的食用方法。

图 2-107 红烧河鳗

图 2-108 清蒸河鳗

图 2-109 酱烧河鳗

图 2-110 香煎河鳗

(八) 养殖塘贝类养殖

近几年,随着立体养殖技术的成熟,三门开始利用现有虾塘、蟹塘进行混养缢蛏、泥蚶或文蛤等,其放养时间、水质管理、饲料管理等与滩涂养殖类同。围塘养殖贝类,具有养殖周期短、生长快、肉质肥满、敌害生物少、成活率高等特点,图2-111所示为养殖

图 2-111 养殖户捕捞的毛蚶

户捕捞的毛蚶。

三门海水养殖合作社和养殖户在养殖已有贝类外，还引进适合三门沿海滩涂或养殖塘内养殖的贝类新品种，以丰富海水养殖品种，进一步提高养殖效益，增加养殖收入。2013 年，三门有专业合作社从福建引进苗种，在养殖塘内试养成功。

图 2-112　白蛤蜊

白蛤蜊贝壳坚厚，略呈四角形，故也称为四角蛤蜊，由于其外形与蛤蜊相似，壳呈灰白色，顶部白色，所以三门人称为白蛤蜊，如图 2-112 所示。白蛤蜊味道鲜美，其食用方法很多，与文蛤、蛤蜊等贝类大同小异。

（九）养殖塘休整养护

为了提高养殖产量，预防海产品病虫害，养殖户对养殖塘要定期进行休整、清淤消毒、翻耕暴晒，去除塘内有害细菌杂质，为下期养殖的丰收打下基础，如图 2-113 所示。

图 2-113　养殖户对养殖塘清淤消毒

三、浅海养殖

三门浅海养殖面积有 1.4 万亩，养殖主要品种为青蟹、黄鱼、鲈鱼、海鲫鱼、美国红鱼、金鲳鱼、石斑鱼、杜鳗、海蜇、海带、紫菜、牡蛎及鲍鱼、海参等。

（一）海水笼养青蟹

2012年，三门有专业合作社技术人员攻克青蟹笼养技术，采用渔排吊挂蟹笼的方式养殖青蟹，如图2-114所示。他们在蛇蟠岛天然海区建起"海底青蟹城"，由若干幢"小高楼"组成，每幢"小高楼"长60cm，宽50cm，共6层，每层有4户，每只青蟹都是独门独户，共住24只青蟹，如图2-115所示。每幢"小高楼"之间用隔板隔开，并分别固定在渔排上，以减轻海水流动对蟹体造成的损伤。海水笼养青蟹既可利用水环境稳定优势，又可提高青蟹的成活率。

图2-114　蛇蟠岛"海底青蟹城"

图2-115　青蟹笼

（二）网箱养鱼

网箱养鱼是将由网片制成的箱笼放置于一定水域进行养鱼的一种生产方式。三门已在蛇蟠岛海面采用网箱养殖大黄鱼，在健跳港海面采用网箱养殖黑鲷、石斑鱼、美国红鱼、金鲳鱼、杜鳗、鲈鱼等，如图2-116所示。还规划在三门湾口发展深水网箱养殖，推进渔业经济结构战略性调整，发展现代设施渔业。

图2-116　网箱养鱼场

1. 黄鱼

黄鱼,体长椭圆形,侧扁。一般体长 30～40cm,尾柄细长,其长为高的 3 倍多,头大而侧扁。背侧中央枕骨棘不明显。额部有 4 个不明显的小孔,背鳍和臀鳍的鳍条基部 2/3 以上被小圆鳞,背鳍起点在胸鳍起点的上方,如图 2-117 所示。黄鱼是我国主要海产经济鱼类之一,其肉质鲜嫩,是我国人民喜食的海产鱼。近年野生黄鱼已非常少见了,目前市场上销售的基本是养殖黄鱼。

图 2-117　黄鱼

黄鱼除鲜食外(图 2-118～图 2-120),还可加工成黄鱼鲞,如图 2-121 所示。黄鱼具有药用价值,其耳石具清热作用,鳔有润肺健脾、补气活血之功效。

图 2-118　糖醋黄鱼

图 2-119　红烧黄鱼

图 2-120　清蒸黄鱼

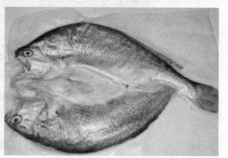

图 2-121　黄鱼鲞

资料链接

大黄鱼与小黄鱼的区别

　　黄鱼,有大、小黄鱼之分。大、小黄鱼的主要区别是:大黄鱼的鳞较小而小黄鱼的鳞较大且稀少;大黄鱼的尾柄较长而小黄鱼的尾柄较短;大黄鱼臀鳍第二鳍棘等于或大于眼径,而小黄鱼则小于眼径;大黄鱼额部具4个不明显的小孔,小黄鱼具6个小孔;大黄鱼的下唇长于上唇,口闭时较圆,小黄鱼上下唇等长,口闭时较尖。

　　大黄鱼、小黄鱼和带鱼一起被称为中国三大海产。大、小黄鱼主要产于东海和南海,以舟山群岛和广东南澳岛产量最多。大黄鱼在广东沿海的盛产期为10月,福建为12月至来年3月,江苏、浙江为5月。小黄鱼主要分布在渤海、黄海和东海,如青岛、烟台、渤海湾、辽东湾和舟山群岛等渔场,以青岛产的数量最多,产期在3～5月和9～12月。

　　大黄鱼:体侧扁,尾柄长约为高的3倍余。头较大,具发达黏液腔。下颌稍突出。侧线鳞56～58枚,背鳍起点至侧线间具鳞8～9枚。背鳍具9～11鳍棘、27～38(一般为31～33)鳍条。臀鳍具2鳍棘,7～10鳍条,第二鳍棘等于或稍大于眼径。体呈黄褐色,腹面呈金黄色,各鳍为黄色或灰黄色,唇为橘红色。鳔较大,前端圆形,具侧肢31～33对,每一侧肢最后分出的前小肢和后小肢等长。头颅内有2块白色矢耳石。椎骨26～27个,有时25个。

　　小黄鱼:体长圆形,侧扁,尾柄长为其高的2倍。头大,口宽而倾斜,上下颌略相等。下颌无须,额部有6个细孔。上下颌具细牙,上颌外侧及下颌内侧牙较大,但无犬牙;腭骨及犁骨无牙。头及身体被栉鳞,鳞较大,侧线上鳞5～6枚;背鳍及臀鳍鳍条膜上有2/3以上被小圆鳞。臀鳍鳍条少于10。鳔侧管两小分支平行但不相等,呈一长一短管状。小黄鱼外形与大黄鱼极相似,但体型较小,一般体长16～25cm,体重200～300g,背侧呈黄褐色,腹侧呈金黄色。

2.黑鲷

　　黑鲷俗称青鳞加吉、黑加吉、青郎、乌颊、黑毛、乌翅、黑立、海鲋等。黑鲷体侧扁,呈长椭圆形,头大,前端钝尖,体青灰色,侧线起点处有黑斑点,体侧常有黑色横带,最大个体长45cm,如图2-122所示。因黑鲷形似鲫鱼,故三门人称为海鲫鱼。

图 2-122　海鲫鱼

　　海鲫鱼属于温、热带沿岸杂食性底栖鱼类，喜栖息于沙泥底的内湾水域和礁岩沙岸交汇的水域，有时会进入河口，幼鱼期全为雄性，到了3～4年后，才转变为雌性，生性敏感多疑，警戒性强。海鲫鱼对盐分的适应能力亦很强，可以在任何盐度的水中饲养，成长速度也很快，对水温的适应能力强，水温介于10～32℃时均能适应，性杂食偏肉食性，喜欢吃有壳的贝类、小型蚝类、小虾、小蟹等。

　　海鲫鱼为高级海鱼，肉质鲜美，是名贵的海产鱼类之一。如图 2-123～图 2-125 所示是海鲫鱼常见的吃法。

图 2-123　糖醋海鲫鱼

图 2-124　红烧海鲫鱼

图 2-125　清蒸海鲫鱼

3. 石斑鱼

石斑鱼是暖水性近海底层名贵鱼类。体色变异甚多,常呈褐色或红色,并具条纹和斑点。石斑鱼体椭圆形,侧扁,头大,吻短而钝圆,口大,体被细小栉鳞,背鳍强大,体色可随环境变化而改变,成鱼体长通常在 20~30cm,如图 2-126 所示。

图 2-126　石斑鱼

石斑鱼营养丰富,肉质细嫩洁白,类似鸡肉,素有"海鸡肉"之称。石斑鱼是一种低脂肪、高蛋白的上等食用鱼,是高档筵席之佳肴,如图 2-127~图 2-130 所示是石斑鱼常见的吃法。

图 2-127　清蒸石斑鱼

图 2-128　红烧石斑鱼

图 2-129　石斑鱼烧芋艿

图 2-130　香辣石斑鱼

4. 美国红鱼

美国红鱼,学名眼斑,又称红鼓鱼、斑点尾鲈、大西洋红鲈、海峡鲈、黑斑红鲈等。体形如纺锤,外形似中国黄鱼、黄姑鱼,唯体色微红,尾部有数圆形黑斑,如图 2-131 所示。喜欢集群,游泳迅速,洄游习性明显,淡水、半咸水、海水中均可正常生长发育。美国红鱼原产于美国东海岸,1991 年引进中国,并开展繁殖、养殖。其肉质细嫩,刺少汁多,味道可口,蒸、熏、烤、炸均宜。

图 2-131　美国红鱼

5. 金鲳鱼

金鲳鱼,学名卵形鲳鲹,三门人称为黄腊鲳。金鲳鱼是暖水性中上层鱼类,鱼体侧扁,卵圆形,臀鳍与第二背鳍略相等,都显著比腹部长。头侧扁,尾柄细,体被小圆鳞,粘着牢固,不易剥落,如图 2-132 所示。它体型较大,一般不结成大群,春、夏季由外海游向近海,冬季又游到外海深水区。金鲳鱼食量大,消化快。在人工喂养条件下,金鲳鱼生长速度很快,喂养半年体重可达 500g 左右。

图 2-132　金鲳鱼

金鲳鱼肉质细嫩,味鲜美,为名贵的食用鱼类。金鲳鱼的食用方法与鲳鱼类似。

6. 杜鳗

杜鳗,学名中华乌塘鳢,是一种高蛋白、低脂肪的名贵食用鱼。杜鳗喜栖息于浅海、内湾和河口咸淡水水域,亦进入淡水,冬季潜在泥沙底中越冬。杜鳗主要分布于河口、港湾,栖息于泥孔或洞穴中。杜鳗前部圆筒形,后部侧扁,头颇宽,略平扁,口宽大,前位;前鼻孔具细长鼻管,悬垂于上唇上,上下颌等长,两颌齿细小尖锐;体灰褐色,体被圆鳞,无侧线;背鳍2个,臀鳍与第二背鳍同形,较小,左右腹鳍相互靠近,不愈合成吸盘;尾鳍圆形,尾鳍基部上方具一带有白边的眼状大黑斑,如图2-133所示。杜鳗生性凶猛,摄食小鱼、虾蟹类、水生昆虫和贝类。杜鳗的生命力强,适应性广,抗病力强,生长快,是人工养殖的优良品种。

图2-133　杜鳗

2010年,三门有专业养殖公司在健跳港海域尝试人工养殖杜鳗并获得成功。

杜鳗营养丰富,肉味鲜美,并具有使伤口加快愈合的功效,虽价格不菲,但仍受到很多人的青睐。如图2-134～图2-136所示是杜鳗常见的吃法。

图2-134　清蒸杜鳗

图2-135　红烧杜鳗

图2-136　杜鳗煲

"八仙"与"八鲜"的传说

一日无事,八仙云集参拜了天台山紫云神庙,踏祥云来到三门沙柳旗门港,登上笔架山,观元宝山郁郁葱葱,山不高而秀丽,看鲸鱼岛如出海香鲸,静观潮起潮落,眼前的盆地依山傍水,灵气十足,八仙同赞:"天赐福地也"。话未落地,何仙姑抛下荷花一朵说道:"这块土地有灵气,如花似玉,就叫荷花塘。"如今的荷花塘就是三特渔村的所在地。

美丽的景色迷住了八仙,忘了显神通——渡东海去南海蓬莱仙岛。此时日当午,潮落水退,三门湾一望无际的金银滩,在阳光的照耀下灿烂无比,各种杂鱼贝类在海水中和海涂上嬉闹,激起了八仙的雅趣,八仙之尊铁拐李信口说道:"每仙一菜,自找海鲜,各显神通,不得相同。"话音刚落,只见张果老随手一抛,道筒化作无数竹棍,洒向海涂,跳跳鱼不知何物从天而降,忙乱中纷纷择洞而钻,想不到全钻入了张果老的竹筒阵,至今沿海村民抲跳跳鱼仍用此法。三门沿海有句谚语:好死孬死,弹鳇钻竹棍。此时,清香随风而来,跳跳鱼烧咸菜上了桌,惊叹了七仙。这就是:张果老倒骑小毛驴,好菜在前头,竹筒抲弹鳇,跳跳鱼咸菜煮。

汉钟离不甘落后,早已将蒲扇往海中一捞,八脚光头的望潮已满满一扇子,扔入沸水,原汁原味,脆脆嫩嫩的清水望潮已摆上,只见望潮似汉钟离,手持蒲扇,袒露大肚,一派散仙之风。后人传:汉钟离蒲扇捉望潮,扇扇不落空,望潮清水煮,原味脆又香。

八仙之首铁拐李,不露声色,铁拐随风而去,拦住了横行霸道的青蟹王,架锅炖煮,捆绑青蟹的绳索已化成番薯豆面,一鲜一土,二者合煮,缘分相投,互补合意,味之最也。这正是:铁拐随风起,三脚斗八爪,青蟹烧豆面,土鲜两相依。

这时鲻鱼精水中看白戏,嬉笑吕洞宾无能无技。纯阳子正没地方好出气,好一个吕洞宾,只见横眉剑出鞘,天遁剑法,天独一地无双,吓得鲻鱼魂出窍,海中不敢去,江中不敢游,浊杂在咸淡水中,故而鲻鱼肉质鲜、脑壳空。至今在三门靠海地区仍在流传:鱼戏吕洞宾,不识真神仙,鲻鱼家常烧,莫吃鲻鱼头。吕洞宾的家常烧鲻鱼,已成为海边人家的招客菜,肉嫩味绝。至于鲻鱼头嘛,弃之如可惜,食之无所得。

蓝采和手持花篮,变化莫测,充满仙意,喜得小白虾手舞足蹈,乱蹦乱跳跌入锅中，片刻一盘色如琥珀、玲珑剔透的海鲜珍品小白虾展现在眼前。有道是：蓝采和天宝百花篮，迷乱凡间物，玲珑小白虾，已成下酒肴。

韩湘子不等闲，神笛一吹红满江，醉倒缢蛏壳自脱，红艳艳的一盆缢蛏，放在桌上显得格外耀眼，引得众仙食欲大开。

曹国舅，朝板化作牡蛎铲，海礁上的牡蛎哪儿经得起这一神铲，大片脱落。现在的牡蛎铲就像朝板上加个柄，相传是曹国舅留下来的。这叫曹国舅朝板铲牡蛎，蛎旺价更高，味鲜汁如乳，壮阳又滋阴。

何仙姑一枝荷花变化大，化作鱼皮套鱼身，从此，马面鱼皮色灰中带黑。早先的马面鱼洁白无瑕，因老是到处显耀，何仙姑发怒作法，给马面鱼套上一件灰不溜秋的外皮。今日何仙姑来到旗门港，听了马面鱼的苦苦哀求才剥去鱼皮还它本来面目，故而吃马面鱼都要剥皮而食之。这就是：一枝荷花变化大，马面鱼上套黑装，剥皮方显嫩白肉，显贞鱼上荷花香。

何仙姑最后一盘渔家菜荷花显贞鱼，带着阵阵海风，放入了海八鲜大宴之中。这就是：八仙桌上坐八仙，八样仙具降八鲜，八道海鲜八样鲜，留传至今海八鲜。

（三）名贵海产品养殖

在三门，有专业合作社在蛇蟠岛海面试养鲍鱼、海参等名贵海产品。

1.鲍鱼

鲍鱼，古称鳆。鲍鱼名为鱼，实则不是鱼，它属海洋软体动物。鲍鱼的单壁壳质地坚硬，壳形右旋，表面呈深绿褐色，壳内侧紫、绿、白等色交相辉映，珠光宝气。壳的背侧有一排贯穿成孔的突起，软体部分有一个宽大扁平的肉足，呈扁椭圆形、黄白色，大者似茶碗，小的如铜钱，如图2-137所示。鲍鱼就是靠着这粗大的足和平展的跖面吸附于岩石之上，爬行于岩礁和穴洞之

图2-137　鲍鱼

中。鲍鱼喜欢生活在海水清澈、水流湍急、海藻丛生的岩礁海域，以摄食海藻和浮游生物为生。鲍鱼肉紫红色，肉质柔嫩细滑，滋味极其鲜美，非其他海味所能比拟，历来被称为"海味珍品之冠"。

鲍鱼虽品种较多，但天然产量很少，因此价格昂贵。养殖鲍鱼大约要六七年

才能上市,所以价格也不菲。

鲍鱼可鲜食,也可晒干后食用,如图 2-138～图 2-141 所示。鲍鱼壳色彩绚丽的珍珠层还能作为装饰品和贝雕工艺的原料。

图 2-138　蜜汁鲍鱼

图 2-139　葱油鲍鱼

图 2-140　鲍鱼干

图 2-141　鲍鱼干煲

2. 海参

海参,又名刺参、海鼠、海黄瓜,是一种名贵海产动物。海参在地球上已经生存了 6 亿年,古人发现"其性温补,足敌人参",因补益作用而得名。海参体呈圆筒状,长 10～20cm,特大的可达 30cm,色暗,多肉刺,如图 2-142 所示。海参能随着居处环境而变化体色,生活在岩礁附近的海参为棕色或淡蓝色,而居住在海藻、海草中的海参则为绿色,海参的这种体色变化,可以有效地躲过天敌的伤害。当水温达到 20℃时,海参就会转移到深海的岩礁暗处,潜藏于石底,背面朝下不吃不动,整个身子萎缩变硬,如石头般,一般动物不会吃掉它。海参一睡就是一个夏季,等到秋后才苏醒过来恢复活动。当遇到凶恶的天敌偷袭时,警觉的海参会迅速地把自己体内的五脏六腑一股脑喷射出来,让对方吃掉,而自身借助排脏的反冲力,逃得无影无踪。当然,没有内脏的海参不会死掉,大约 50 天,它又会长出一副新内脏。将海参切成两段投放海里,经过 3～8 个月,每段又会生成一个完整的海参。有的海参还有自断本领,当条件适宜时,能将自身断开,以后每段又会长成一只海参。当海参离开海水后体内会产生一种自溶酶，在6～7小时内，海参会将自己溶化成液体，呈水状。据资料表明，海参在生长10～15年后，也会自动溶化在大海里，海参在生长环境受到污染等情况下也会出现自溶现象。由于海参有自溶性，所以海参一定要加工成海参干才能保存。市场上出售的海参是海参干泡发的，买来后就可烧煮，如图2-143所示。

图 2-142　海参

图 2-143　市场上出售的海参干

海参肉质软嫩，营养丰富，是典型的高蛋白、低脂肪食物。海参滋味腴美，风味高雅，是久负盛名的名馔佳肴，是海味"八珍"之一，与燕窝、鲍鱼、鱼翅齐名，在大雅之堂往往扮演着"压台戏"的角色，被视为中餐的灵魂之一，如图2-144～图2-147所示。

图 2-144　蜜汁海参

图 2-145　炒海参

图 2-146　肉末海参

图 2-147　海参煲

海参不仅是珍贵的食品,也是名贵的药材。据《本草纲目拾遗》中记载:海参,味甘咸,补肾,益精髓,摄小便,壮阳疗痿,其性温补,胜似人参。现代研究表明,海参具有提高记忆力、延缓性腺衰老,防止动脉硬化、糖尿病以及抗肿瘤等作用。

(四)牡蛎浅海养殖

2012 年,三门有专业合作社在蛇蟠岛海面采用延绳法养殖了 2000 多亩牡蛎。由于养殖科学,管理精心,大获丰收,一根长 90m 的绳子平均产带壳牡蛎超过 1000kg,浅海养殖的牡蛎质优肉肥。如图 2-148 所示为养殖场员工在捕捞牡蛎。

图 2-148　捕捞牡蛎

(五)贻贝养殖

贻贝是一种海洋软体动物,属于双壳类的一种贝类,俗称青口,北方称海虹,南方称淡菜,雅号"东海夫人"。它的贝壳呈三角形,表面有一层黑漆色发亮的外皮,内部结构跟牡蛎基本上是一样的,如图 2-149、图 2-150 所示。在三门旗门港滩涂上有专业合作社养殖贻贝。

图 2-149　贻贝

图 2-150　贻贝的内部结构

贻贝为我国重要的经济贝类之一,是驰名中外的海产珍品。贻贝肉味鲜美,营养丰富。如图 2-151~图 2-153 所示为贻贝常见的鲜食方法。

贻贝的肉可晒干,三门人称贻贝肉的干品为淡菜(图 2-154),煲汤、炒鸡蛋是贻贝干品常见的吃法,如图 2-155、图 2-156 所示。

图 2-151　贻贝汤

图 2-152　盐水贻贝

图 2-153　葱油贻贝

图 2-154　淡菜

图 2-155　淡菜煲

图 2-156　淡菜炒蛋

（六）海蜇养殖

海蜇,古称瑝鱼,又名海蛇、红蜇、面蜇、鲊鱼。海蜇体呈伞盖状,通体呈半透明的白色、青色或微黄色。海蜇的伞径可超过 45cm,最大可达 1m 之巨。表面呈伞状、白色,借以伸缩运动,称为海蜇皮;下有 8 条口腕,其下有丝状物(灰红色),叫海蜇头,如图 2-157 所示。

海蜇在热带、亚热带及温带沿海都有广泛分布,在中国南海、渤海、东海中均有分布。旧时,每逢春、夏两季,也有海蜇漂游到海边,如图 2-158 所示。

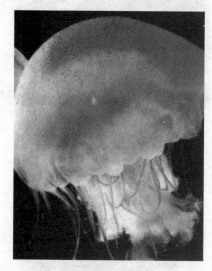

图 2-157 海蜇

图 2-158 海蜇漂游到海边

新鲜海蜇有毒,必须用食盐、明矾腌制,浸渍去毒滤去水分,方可食用。市场上出售的海蜇是已加工好的海蜇皮和海蜇头。优质海蜇皮应呈白色或浅黄色,有光泽,自然圆形,片大平整,无红衣、杂色、黑斑,肉质厚实均匀且有韧性,如图 2-159 所示;优质海蜇头应呈白色、黄褐色或红琥珀色等自然色泽,有光泽,形完整,无蜇须,肉质厚实有韧性,且口感松脆,如图 2-160 所示。

图 2-159 海蜇皮

图 2-160 海蜇头

在三门,有养殖户在蛇蟠洋海域专业从事海蜇养殖。凉拌海蜇皮和凉拌海蜇头是三门人最喜爱的吃法,如图 2-161、图 2-162 所示。

图 2-161 凉拌海蜇皮　　　　　　　图 2-162 凉拌海蜇头

（七）海带养殖

海带,别名昆布、江白菜、纶布、海昆布、海马蔺、海带菜、海草,是一种在低温海水中生长的大型海生褐藻植物,属于褐藻门布科,为大叶藻科植物,因其生长在海水之中,柔韧似带而得名。在三门,有专业合作社在蛇蟠洋海域养殖海带,如图 2-163、图 2-164 所示为养殖户在收海带、晒海带。

图 2-163 收海带　　　　　　　　　图 2-164 晒海带

海带是一种营养价值很高的植物,同时具有一定的药用价值。海带的烹饪方法有很多,如海带炖排骨、海带烧肉、海带汤、凉拌海带丝等,如图 2-165～图 2-167 所示。

图 2-165 海带烧肉

图 2-166　排骨海带汤

图 2-167　凉拌海带丝

海带一般人群均可食用，尤适宜缺碘、甲状腺肿大、高血压、高血脂、冠心病、糖尿病、动脉硬化、骨质疏松、营养不良性贫血者以及头发稀疏者、肝硬化腹水者、神经衰弱者食用。但甲状腺功能亢进、胃寒、肠胃炎患者及孕妇忌食。

（八）紫菜养殖

紫菜不是菜，而是一种美丽的藻类植物，外形犹如一条柔滑绵长的丝绸，与海带相像，又与海苔类似，带给人一份清雅的感觉。紫菜的颜色，刚采摘起来是褐绿色的，晒干后才是紫色，粘成一团一团的，由带状变成饼状，以叶片薄、表面滑、有光泽的为上佳，如图 2-168 所示。紫菜有点像韭菜，长成后可以进行反复采割，第一次割的叫

图 2-168　成品紫菜

第一水，第二次割的叫第二水，以此类推。其中，第一水的紫菜特别细嫩，杂质也少，营养比较丰富，但市场上难以买到，渔民一般都是留着自己吃，或者送给亲朋好友。

三门的紫菜，名头不是很响，与青蟹、对虾、蛏子相差甚远，但是品质上乘的很有吃头。三门紫菜的养殖基本上集中在浦坝港镇的虎门孔村、金岙村，村民几乎家家养紫菜，如图 2-169 所示。如果选择在 10 月左右前往，你会发现一派蔚为壮观的场景，一望无际的滩涂上，整齐有序地排列着放养紫菜的架子，架子一律由竹竿搭建而成，高度差不多到膝盖，上面蒙了一层多网孔的塑料膜，好像摆放着一张张网帘子。如果天气晴好，那些附着在网帘上的紫菜，还会不时发出一阵阵光芒。走上海塘坝，你看到的是晒紫菜的场景，村民把它们晾晒到竹帘上，一张张铺展开去，那阵势是相当的壮观，如图 2-170 所示。

图 2-169　虎门孔村紫菜养殖场

图 2-170　晒紫菜

其实,紫菜早时是野生的,沿海村民在采收时既要防止被岩礁上的贝壳划伤,又要顶住潮水的冲击,可以说是相当危险。而现在收割紫菜,不用坐船去浅海岩礁,只需在滩涂上忙活就可以了。

三门人食用紫菜,最多的是做汤,如图 2-171、图 2-172 所示。为了方便,摘一小撮紫菜,放一小汤匙猪油,直接冲入开水即可。当然,能够扔上一些上好的虾皮,色彩会更丰富一些,味道也会更好。

图 2-171　虾皮紫菜汤

图 2-172　紫菜鸡蛋汤

海八鲜

三门"海八鲜"是海鲜产品的组合,礼盒装"海八鲜"是三门人赠送亲朋好友的首选。三门"海八鲜"有冰冻系列和干腌系列两大类,表2-1为干腌系列至尊装"海八鲜"清单,图2-173所示为"海八鲜"包装盒。

表2-1　干腌至尊装"海八鲜"清单

礼包产品	数量	重量(g)
红膏蟳蟹	2只	420
红头海蜇	1桶	1200
精勾鱼翅	1包	100
特级对虾干	1包	288
黄鱼鲞	2条	400
墨鱼鲞	1包	400
鳗鲞	1包	1000
鱼胶	1包	200

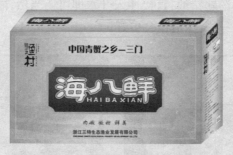

图2-173　"海八鲜"包装盒

四、休闲渔业的兴起

休闲渔业是把旅游观光、水族观赏等休闲活动与现代渔业方式有机结合起来,实现第一产业与第三产业的结合配置,以提高渔民收入、发展渔区经济为最终目的的一种新型渔业。目前,三门已有 3 家省级休闲渔业精品基地。

(一)三特渔村

三特渔村是三门县著名的乡村旅游基地,由三门县三特水产养殖有限公司投资兴建,是浙江省星级乡村旅游示范点、省休闲渔业示范基地、三门县特色农产品示范基地。渔村距县城以东 8km,交通便捷。这里三面依山,一面临港,风光旖旎,有"元宝托月""眠牛出海"等四大景观。登笔架山,三门湾美景尽收眼底,观东海日出,看渔舟唱晚,俯瞰潮起潮落,蔚然壮观,如图 2-174 所示。

图 2-174 三特渔村

(二)在水一方渔家乐园

三门县在水一方渔家乐园位于风景秀丽的国家 3A 级景区——蛇蟠岛,距离县城 19km,乐园周边有以海盗文化为背景的海盗村景区、以采石文化和石窗文化为底蕴的野人洞景区、以传承"讨小海"习俗为背景的划泥公园,自然与交通条件相对优越,是一家集海岛特色餐饮、海上捕捞、垂钓、旅游度假、休闲娱乐为一体的渔家生态特色园区。在水一方渔家乐园占地 1200 亩,可依托养殖塘 3000 亩,园内养殖塘星罗棋布,河港纵横交错,道路四通八达,自然风光秀丽,生态环境优美,水陆交通便捷,是不可多得的旅游、休闲、观光胜地,如图 2-175 所示。

图 2-175　在水一方渔家乐园

（三）南汐园农家乐园

南汐园农家乐园地处三门县滨海新城，距县城 8km，交通便利，环境良好，设养殖观光休闲区、餐饮区、垂钓区和海上观光区等。园区占地总面积 322 亩，其中养殖观光休闲区 241 亩、餐饮区 30 亩、垂钓区 51 亩，大小餐厅、会议室、停车场等设施设备齐全。南汐园农家乐园先后获三门县农家乐特色点、台州市农家乐特色点、浙江省旅游特色经营点等称号，如图 2-176 所示。

三门海产养殖从最原始的滩涂养殖到围塘养殖，从单一的海产养殖到观光渔业的兴起，充分体现了三门人团结拼搏、自强不息、敢想敢干、勇创大业的"三门精神"。

图 2-176　南汐园农家乐园

想一想,说一说,做一做

1. 请说出下列图中的海鲜名称。

2. 请说出三门青蟹能"横行"天下的两个理由。

3. 泥蚶与毛蚶有什么区别?

4. 海鳗与河鳗有什么区别?

5. 生珍与贻贝有什么区别?

6. 养殖塘为什么要定期进行休整、清淤消毒、翻耕暴晒?

7. 参观一个养殖塘,向养殖户了解养殖的品种、养殖的方法及养殖的效益。

8. 从三门海水养殖业的发展来看,三门人有哪些精神是值得学习的?

第三章

三门节日习俗与民间小吃

三门湾畔,溅水山下,居住着四十多万勤劳勇敢的人们。千百年来,男耕女织,渔樵相守,依山傍海的地理环境形成了农耕文化与渔猎文化相融合的生活画卷。小桥流水旁,袅袅炊烟里,人们做着各色各样的点心小吃,品尝着丰收带来的喜悦。这些形态各异、色彩缤纷、做工精细、色香味俱佳的美食,均在各种节日中呈现。

资料链接

一年四季的划分

一年四季春、夏、秋、冬,暑去冬来周而复始地循环着。按照天文的说法,立春(2月4日)、立夏(5月6日)、立秋(8月7日)、立冬(11月7日)是春、夏、秋、冬的开始,春季是立春到立夏,夏季是立夏到立秋,秋季是立秋到立冬,冬季是立冬到立春,如图3-1所示。人们习惯上又把3～5月称为春季,6～8月称为夏季,9～11月称为秋季,12月～次年2月称为冬季,这样划分季节的标准能反映出一般的气候概况。

图3-1 一年四季的划分

一、春季的节日

（一）春节（过年）

春节是一年中最盛大的传统节日。传统意义上的春节是指从腊月二十三的祭灶，一直到正月十五，其中以除夕和正月初一为高潮，这就是人们俗称的"过年"。

1. 备办年货

旧时，农历十二月廿日后，过年的气氛就很浓烈了，家家户户都准备过年，备办年货是准备过年的重要内容。在三门，备办年货主要是杀猪宰鸡、炒花生瓜子、炒番薯糕、打米胖糖、蒸阳糕、裹粽子、做团或糕鼓、做馒头、捣麻糍、捣年糕，出嫁的女儿还要买猪蹄送年鸡。

过去人们缺衣少食，备办年货既是为自己、家人改善生活，又是为年后接待"拜岁客"做准备。

（1）打米胖糖。

① 打米胖。每到快过年的时候，就会有许多打米胖的师傅进村来，这时家家户户会把最好的米拿去，请师傅打米胖。打米胖的方法是把米倒入一个特制的密闭罐中，用火烧，到一定时间把它打出来，就变成白白胖胖的米胖了（爆米花），如图3-2所示。

图3-2 旧时打米胖的场景

② 熬"糖饮"。大部分的年轻人没有看到过煎"糖饮"，是将红薯放在大锅里炼糖汁，先用干柴大火熬，等到糖汁出来了，用漏勺捞出红薯渣，然后改用小火，熬成黏稠状，这就是"糖饮"。

③ 打米胖糖。将米胖倒入锅里与热"糖饮"搅拌均匀，然后拿到桌子上放在一个矩形的框子里，再洒上些花生米或芝麻，用轴子压成型，然后用菜刀切成小块，这样米胖糖就做成了，如图3-3～图3-6所示。

米胖糖很松很香，很好吃。当然，也可以将米胖换成粟米、芝麻、花生、米干等，用类似的方法可制成粟米糖、芝麻糖、花生糖、米干糖，甚至混合在一起制作。

图3-3 米胖倒入糖饮中

图3-4 搅拌

图3-5 擀压成型

图3-6 切成块

（2）做团、做糕鼓。团和糕鼓既是过年的食品，也是三门人"拜岁"的一种礼品。团是磨盘状的美食。它的皮是发酵的面粉或糯米粉，馅为红糖芝麻、白糖芝麻或纯红糖、纯白糖，也有豆沙或肉等，包好后放入刻有梅兰竹菊和双喜、和合等喜庆图案的"团印"（一种用木头做的模具，图3-7）中，压敲定型后放在蒸笼里蒸熟即可，如图3-8所示。

图3-7 团印

图3-8 磨盘状的团

糕鼓因其外形像鼓而得名。它的皮是发酵的面粉或糯米粉，馅为红糖芝麻、白糖芝麻或纯红糖、纯白糖，包好后放在锅中用小火烙成两面金黄色，然后放在蒸笼里蒸熟即可，如图3-9所示。糕鼓吃起来既有嚼劲又香甜。

（3）捣麻糍、捣年糕。麻糍是三门人过年必备食品，也常被当作礼品。麻糍的制作方法：先将糯米在水中浸泡一

图3-9　糕鼓

夜，洗净后放入饭甑蒸熟，再把蒸熟的糯米放进石臼里捣和，三门人俗称"捣麻糍"。捣麻糍的时候，一人"捣"，一人"添"。所谓"添"，就是不停地往木槌上抹水，并迅速翻转石臼里的糯米团，以防止糯米黏附在石臼上。出臼后的米团用擀面杖（木棍）卷压成约1cm厚的"大饼"，再切成一条条、一块块，这样"麻糍"就做成了，如图3-10～图3-13所示。在三门，还有以粟米为原料，按照同样的方法捣和而成的粟米麻糍，这种麻糍现在已经很难看到了。

图3-10　蒸米

图3-11　捣麻糍

图3-12　切条切块

图3-13　麻糍

　　麻糍的吃法各种各样,因人而异。最常见的有夹馅麻糍、鸡蛋麻糍和炒麻糍,如图3-14～图3-17所示。夹馅麻糍:将麻糍上锅烙至两面呈浅黄色,夹入炒熟的馅料即可,馅料通常为肉丝、香干、咸菜、虾皮、笋丝等,也有的夹上红糖、芝麻,成为香糯甜软的红糖小卷糍。鸡蛋麻糍:将麻糍烙熟后,加入鸡蛋裹在麻糍外层。炒麻糍:将麻糍切成小块,和肉丝、香干、笋丝、虾仁等炒熟即成。

图3-14　夹馅麻糍

图3-15　红糖小卷糍

图3-16　鸡蛋麻糍

图3-17　炒麻糍

　　年糕有“一年更比一年高”的美好寓意,因此在三门过年家家要捣年糕、吃年糕,期盼来年节节高。过去捣年糕很隆重,也很热闹,如图3-18所示。做年糕的米是晚米,捣年糕的方法与捣麻糍的方法类同,只是最后一道工序不同,将出臼后的米团人工搓揉成柱形即可,也有捏成猪、牛、羊等牲畜形状(用于祭祀)。现在做年糕很少有人用石臼捣了,而是将浸泡好的晚米先用机器磨成粉,再使用机器加工成年糕(图3-19、图3-20),所以现在的年糕称为水磨年糕。

图3-18　旧时捣年糕的场景

图3-19　磨粉

图3-20　制糕

　　过去，年糕只有过年才有得吃，现在年糕已成为平常之食品，在市场上天天能买到。在三门，鸡蛋炒年糕（称为鸡子糕，图3-21）、青蟹炒年糕、白蟹炒年糕非常有名。鸡子糕的做法：把年糕切成细条，再配上鲜笋、肉丝同炒，以鸡蛋淋之，出锅的时候再配上青葱，就成了一盘色泽诱人、香气四溢的鸡子糕了。青蟹炒年糕、白蟹炒年糕是近几年随着三门青蟹养殖业的

图3-21　鸡子糕

发展而产生的菜肴,如图 3-22、图 3-23 所示。青蟹炒年糕、白蟹炒年糕的做法简单,将蟹洗净并切成小块,与切好的年糕同炒熟即可。

旧时,年货都是家家户户自行制作的,现在人们经济条件好了,年货一般都到市场、超市去购买,备办年货也演变成买年货,这使传统的过年的味道大为减弱。

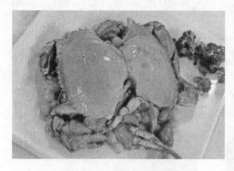
图 3-22　青蟹炒年糕

图 3-23　白蟹炒年糕

2. 祭灶

祭灶是我国民间影响很大、流传极广的习俗。旧时,家家灶间都设有"灶司爷"神位。传说,他负责管理各家的灶火,作为一家的保护神而受到崇拜。每年腊月二十三家家户户都要祭祀灶神。

3. 掸尘

"腊月二十四,掸尘扫房子"。据《吕氏春秋》记载,我国在尧舜时代就有春节扫尘的风俗。按民间的说法:因"尘"与"陈"谐音,新春扫尘有"除陈布新"的含义,其用意是要把一切穷运、晦气统统扫出门。这一习俗寄托着人们破旧立新的愿望和辞旧迎新的祈求。每逢春节来临,家家户户都要打扫卫生,清洗各种器具,拆洗被褥,洒扫庭院,掸拂尘垢蛛网,疏浚明渠暗沟,到处呈现欢欢喜喜搞卫生、干干净净迎新年的气氛,如图 3-24 所示。

图 3-24　掸尘

4. 贴春联、挂红灯笼

旧时,过年前村民要请文人书写春联、福字,贴于房门两侧,有条件的还要悬挂红灯笼。除此之外,有的还在房内张贴年画。

贴春联的习俗源于古代的"桃符"。古人以桃木为辟邪之木。《典术》曰:"桃者,五木之精也,故压伏邪气者也。"到了五代时,后蜀君主孟昶雅好文学,他每年都命人题写桃符,成为后世春联之滥觞,而题写于桃符上的"新年纳余庆,嘉节号长春"便成为有记载的中国历史上第一副"春联"。后来,随着造纸术的问世,才出现了以红纸代替桃木的张贴春联的习俗。春联真正普及始于明代,与朱元璋的提倡有关。据清人陈尚古的《簪云楼杂说》记载,有一年朱元璋准备过年时,下令每家门上都要贴一副春联,以示庆贺。原来春联题写在桃木板上,后来改写在纸上。桃木的颜色是红的,红色有吉祥、辟邪的意思,因此春联都是用红纸书写。

春节贴"福"字,是我国民间由来已久的风俗。据《梦粱录》记载:"岁旦在迩,席铺百货,画门神桃符,迎春牌儿……""士庶家不论大小,俱洒扫门闾,去尘秽,净庭户,换门神,钉桃符,贴春牌,祭祀祖宗。"文中的"贴春牌"即写在红纸上的"福"字。"福"字,现在的解释是"幸福",而在过去则指"福气""福运"。无论是现在还是过去,都寄托了人们对幸福生活的向往,也是对美好未来的祝愿。民间为了更充分地体现这种向往和祝愿,干脆将"福"字倒过来贴,表示"幸福已到""福气已到"。

年画是我国的一种古老的民间艺术,反映了人们朴素的风俗和信仰,寄托着人们喜庆祈年的美好愿望。在三门,春节贴年画也很普遍,浓墨重彩的年画给千家万户平添了许多兴旺欢乐的喜庆气氛,如图 3-25 所示。

图 3-25　贴年画

过春节挂灯笼是为了取吉祥喜庆之意,红红的灯笼高高挂,象征一年的日子都红红火火。旧时,在三门家家户户的大门外都要挂红灯笼,外贴剪纸红花或"福"字,中间点红烛,寓意红红火火,迎春纳福。

资料链接

"福"字倒贴的传说

明太祖朱元璋当年用"福"字作暗号准备杀人。好心的马皇后为消除这场灾祸,令全城大小人家必须在天明之前在自家门上贴上一个"福"字。马皇后的旨意自然没人敢违抗,于是家家门上都贴了"福"字。其中有户人家不识字,竟把"福"字贴倒了。第二天,皇帝派人上街查看,发现家家都贴了"福"字,还有一家把"福"字贴倒了。皇帝听了禀报大怒,立即命令御林军把那家满门抄斩。马皇后一看事情不好,忙对朱元璋说:"那家人知道您今日来访,故意把'福'字贴倒了,这不是'福到'的意思吗?"皇帝一听有道理,便下令放人,一场大祸终于消除了。从此,人们便将"福"字倒贴起来,一求吉利,二为纪念马皇后。

现在贴春联、挂红灯笼仍盛行(图3-26、图3-27),但贴年画已不多见了。

图3-26 贴春联、挂红灯笼

图3-27 "福"字倒着贴

5.谢年、还福、请老太公

农历十二月廿八,三门村民会设案中堂,以三牲福礼祈求降福,称为"谢年"。谢年是一种古老的风俗,顾名思义是一种祭神活动,感谢神保佑一家又平安度过了一年,并祈求来年能风调雨顺。谢年时,大人祈祷,不许孩子随便嬉笑乱语,气氛神秘庄重,如图 3-28 所示。谢年在一定程度上代表着老百姓追求美好生活的朴实愿望,至今,三门乡村仍保留着谢年这种习俗。

农历十二月三十(小月二十九)是即将迎来新年之际,三门乡民很讲究,年三十一早,在堂前八仙桌上摆上丰收果实、酒水,点烛上香,称为“还福”,如图 3-29 所示。

图 3-28　谢年

图 3-29　还福

除夕傍晚,在三门家家户户都要请“老太公”。请“老太公”实际上是一种祭祀祖宗活动。祭祖时摆上供品,点烛上香,敬酒、烧纸钱,求“老太公”保佑家门吉庆,合家老少平安。

6. 吃“年夜饭”

祭祀祖宗后,合家团聚,围坐桌旁,吃团圆饭,俗称“年夜饭”。吃“年夜饭”是最热闹愉快的时候,此时外出的人一般都要赶回家与亲人团聚,有的一家人围着桌子吃麦焦,有的自做一桌丰盛的饭菜。如图 3-30、图 3-31 所示,吃“年夜饭”老幼团聚,共享天伦之乐。

图 3-30　一家人围着桌子吃麦焦

图 3-31　一家人围着吃“年夜饭”

7. 拜年、分赠压岁钱

除夕,家中小孩须向长辈跪拜,称为"辞岁",也称为拜年,如图 3-32 所示。"辞岁"后,长辈用红纸包封"压岁钱"分赠给小孩,如图 3-33 所示。据说压岁钱可以压住邪祟,因为"岁"与"祟"谐音,晚辈得到压岁钱就可以平平安安度过一岁。

现在拜年的习俗仍然盛行,但随着时代的发展,已增添了新的内容和形式。现在人们除了沿袭以往的拜年方式外,又兴起了电话拜年和手机短信、微信、网络 QQ 拜年等。除夕晚辈向长辈跪拜已很少见,但长辈向晚辈分赠压岁钱的习俗仍然盛行,这些压岁钱多被孩子们用来购买图书、学习用品和生活用品,新的时尚为压岁钱赋予了新的内容。

图 3-32　旧时拜年

图 3-33　分赠压岁钱

8. 守岁、放鞭炮

除夕守岁是最重要的年俗活动之一,守岁之俗由来已久。"一夜连双岁,五更分二天",除夕吃过年夜饭,全家团聚在一起,点起蜡烛或油灯,围坐炉旁闲聊,等着辞旧迎新的时刻,通宵守夜,象征着把一切邪瘟病疫都驱走,期待着新的一年吉祥如意。除夕夜,家家室内灯火通明,做到"间间亮",深夜放鞭炮,称为"关门炮"。

过年,以前家家户户都要放鞭炮,如图 3-34 所示。现在这个习俗还是没有变,吃完年夜饭,孩子们开始在自家的房前屋后放鞭炮。随着人们生活水平的逐渐提高,过年放鞭炮的数量在增多,鞭炮的花样也在不断翻新。现在过年放鞭炮已经吊不起人们的胃口了,孩子玩"烟火",大人放"烟花",除夕夜的天空五颜六色、色彩缤纷,犹入仙境,如图 3-35 所示。

图 3-34　旧时放鞭炮

图 3-35　孩子玩"烟火"

现在,除夕夜守岁的习俗仍流行,只是内容和形式有改变。在除夕夜,屋外时鸣鞭炮、烟火,室内家人围坐一起,或看电视,或拿着手机发信息拜年,笑语连连。

 资料链接

"过年"的传说

相传,中国古时候有一种叫"年"的怪兽,头长触角,凶猛异常。"年"长年深居海底,每到除夕才爬上岸,吞食牲畜,伤害人命。因此,每到除夕这天,各个村寨的人们扶老携幼逃往深山,以躲避"年"兽的伤害。这年除夕,桃花村来了个乞讨的老人,只见他手拄拐杖,臂搭袋囊,银须飘逸,目若朗星。而此时乡亲们有的封窗锁门,有的收拾行装,有的牵牛赶羊,到处人喊马嘶,一片匆忙恐慌景象。只有村东头一位老婆婆给了老人一些食物,并劝他快上山躲避"年"兽,那老人捋髯笑道:婆婆若让我在家待一夜,我一定把"年"兽撵走。老婆婆惊目细看,见他鹤发童颜、精神矍铄、气宇不凡。可她仍然继续劝说,乞讨老人笑而不语。婆婆无奈,只好撇下家,上山避难去了。半夜时分,"年"兽闯进村。它发现村里气氛与往年不同:村东头老婆婆家,门贴大红纸,屋内灯火通明。"年"兽浑身一抖,怪叫了一声,朝老婆婆家怒视片刻,随即狂叫着扑过去。将近门口时,院内突然传来"噼噼啪啪"的炸响声,"年"浑身战栗,再不敢往前了。原来,"年"最怕红色、火光和炸响。这时,老婆婆的家门大开,只见院内一位身披红袍的老人哈哈大笑。"年"大惊失色,狼狈逃窜了。第二天是正月初一,避难回来的人们见村里安然无恙十分惊奇。这时,老婆婆才恍然大悟,赶忙向乡亲们说了乞讨老人的许诺。乡亲们一齐拥向老婆婆家,只见老婆婆家门上贴着红纸,院里一堆未燃尽的竹子仍在"啪啪"炸响,屋内几根红蜡烛还发着余光……欣喜若狂的乡亲们为庆贺吉祥的来临,纷纷换新衣戴新帽,到亲友家道喜问好。这件事很快在周围村里传开了,人们都知道了驱赶"年"兽的办法。从此每年除夕,家家贴红对联、燃放爆竹、户户烛火通明、守更待岁。正月初一一大早,还要走亲串友、道喜问好。这风俗越传越广,成了中国民间最隆重的传统节日。挂红灯笼"过年",从此也流传下来。

9. 正月初一

三门人习惯将农历的正月初一作为春节的开始,春节就从正月初一算起,称"元旦",俗称"过新年"。除夕午夜之后,便有人起早开门放鞭炮,称为"开门炮"。放完"开门炮",家家在中堂或庭前摆起八仙桌,设香案摆供品,点烛、烧香,称为"接天地",又称"接年",意思是祝愿旧年换新年,一年好一年。

正月初一早餐以素食为主,在海游、亭旁一带,百姓有吃番薯粥的习俗,寓意当年翻身,生活幸福。早餐后家庭主妇都忙于烧茶待客,以红萝卜丝、红枣、桂圆等做茶泡,加红糖或白糖,小辈孝敬老人,媳妇孝敬公婆。正月初一不出工、不扫地、不讨债,禁哭泣、漫骂、打人、杀生等不祥行为。

正月初一这一天,人人穿上新衣新鞋,但一般不远行,只是邻里间往来,互相用吉祥的话道贺,有的一起玩耍,有的结伴上寺庙拜佛,保佑一年平安,四季发财。儿童调皮捣蛋,大人们也只是一笑置之,不像平时总是训斥。

10. 拜岁

正月初二(有的初四)开始出门"拜岁",亲戚间相互携白糖、荔枝干、桂圆干、橘饼、糕点之类的"果子包"上门"拜岁",并赠客中幼童"压岁钱"。为接待"拜岁客",家家户户都要准备桂圆、红糖等茶泡。"拜岁客"来了,先用茶招待,茶有桂圆、荔枝、红枣、红萝卜丝等,但"拜岁客"一般不吃"茶泡",即不吃茶中的桂圆、荔枝等,只喝几口茶水,有"吃茶泡,无娘教"的民谚。喝了茶后,再吃炒米糖、水果、花生等食品,还吃点心——"浇头面",如图3-36所示,中饭或晚饭则备"九大碗"(现在则更丰盛了)。春节的算法是从正月初一始至正月初八止。民间流传的"拜岁过上八,清汤没得喝"就是这个意思。

图 3-36　浇头面

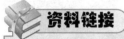

"九大碗"的来历

三门"九大碗"源于文天祥避难三门仙岩洞时,龙派九子守护洞口,文丞相为感其相助之德,托当地村民做出九道菜予以答谢,后代代相传。

在三门,新子丈"拜岁"第一站要上丈母娘家,旧时,新子丈要给丈人行跪拜礼,现在都不作兴了。新子丈来"拜岁",叔伯们要"请子丈",有的家庭叔伯多,"请子丈"一直请到二月二,但最后一餐是丈母娘"关筵"(叔伯们请了新子丈,最后由丈母娘办酒席,回敬这些叔伯,同时作为自家也敬请新子丈,这餐酒席叫"关筵")。新子丈回家给压岁钱,并由妻舅陪着回岁。夫家这边也请新妇,同样是叔公伯婆、大姆小婶轮流请。一般亲戚相互拜岁,送礼回礼,礼无大小,互访互宴,称为请"新年饭"。

正月初五,商铺恢复正常营业。过了正月初八,民间新年拜岁活动就算告一段落(也有人家拜岁到正月十四前才结束)。但过年活动正式结束,还是要等过了正月十四夜"闹花灯""接财神"后,才算落下帷幕。

(二)元宵节

元宵节是我国的四大传统节日之一,因正月为元月,而正月十五是一年中第一个月圆之夜,故又称上元节。我国各地的元宵节活动大同小异,大街小巷张灯结彩,人们赏灯、猜灯谜、吃汤圆。

三门人在正月十四过元宵节,也有在十三过元宵节。三门人过元宵节的风俗习惯是中午均吃麦焦,晚餐吃糟羹,然后闹元宵、观花灯、接财神。

麦焦又称食饼筒,它的加工过程看起来简单,却极富技术性。烧麦焦首先要在"熬镬"中"糊麦焦皮","糊麦焦皮"是一门技术,火候的掌握要有分寸,摊糊要均匀,如图 3-37 所示是麦焦皮。等一张张洁白的、薄薄的皮摊成后,就可以动手夹馅料了。麦焦的馅料因各家经济条件和各人的口味而不同,通常肉片、海带、虾干、豆面、米面、豆腐、豆芽、胡萝卜丝、蛋皮是不会少的,食用者可各取所需,如图 3-38、图 3-39 所示。

图 3-37　麦焦皮

图 3-38　麦焦的形状

图 3-39　麦焦内的馅料

过去,三门人只有在逢年过节才吃麦焦,如今,麦焦已成为百姓寻常的食品,特别是在节假日,一家人相聚在一起,人人动手,个个欢笑,其乐融融,因此吃麦焦也是一个凝聚亲情的日子。

 资料链接

三门麦焦的典故

相传,某寺院的一个和尚看见每天有很多剩菜,觉得扔了可惜,就把它集中起来,包在面皮里面吃。此事传到民间,百姓竞相效仿,后来便成了一种饮食习惯。

元宵节晚上,不论贫富,家家都要烧一锅糟羹,不管谁家,人人可以随便进去吃。民间有一种说法是,谁家糟羹吃的人多,谁家就会兴旺发达。现在,人们做糟羹是用新磨的米浆掺以芥菜或青菜、肉丝、香干、豆瓣、虾皮、牡蛎、冬笋、花生米等混烧而成,此为"咸羹",如图 3-40 所示。还有用淀粉、红枣、荸荠、橘饼、红萝卜、花生米、红糖等混合烧成的"甜羹",如图 3-41 所示。在三门有一习俗,新媳妇过门后的第一年元宵节,必须亲手烧一锅糟羹,以考察新媳妇的烹饪手艺,称为"新妇糟羹"。元宵节晚上儿童们会手提灯笼成群结队地去"讨"新妇糟羹吃,这是三门元宵节的一大特有风景。

老三门人吃糟羹一般不用调羹,用的是筷子。更绝的是,手捧一碗糟羹蹲于家门口,不用筷子不用调羹,顺着碗沿,转一圈,一碗糟羹已入腹内。

图3-40 咸羹

图3-41 甜羹

 资料链接

三门糟羹的传说

相传唐朝初年,台州刺史尉迟缭发动兵士筑城防盗。正月十四,风雪交加,早已疲惫不堪的兵士们又饥又冷,叫苦不迭。就在这个时候,当地百姓用带糟的新酒当水,调和了菜叶、米粉,搅成糊状的"糟羹",送到城墙给兵士充饥御寒,此后相沿成为风俗。另一种说法是明朝嘉靖年间,戚继光抗击倭寇,到正月十四夜,军民粮尽,人们只好用野菜混合成糊羹,支援抗倭将士,后来沿为习俗。

元宵节,街头巷尾悬挂灯笼,家家户户点红烛,称为"间间亮"。当夜色降临,各村的舞龙、滚狮等民间娱乐节目会在村中操场出发沿街演出,甚至穿村过庄出巡,儿童则在大人的引领下手提灯笼前去观赏,大户人家还会请舞龙灯者在家里表演一番,称之为"拦龙灯"。元宵节夜锣鼓喧天,夜半方休。

入夜,善男信女们前往神庙上香,并领回红蜡烛回家供奉,称为"接财神"。

近几年,三门县政府有关部门会在元宵节组织各种活动欢庆元宵节,如现场制作糟羹、广场文艺晚会、民俗文化大巡游等。在元宵节,历史悠久的亭旁杨家板龙(2004年获"大世界基尼斯之最"证书,2007年列入浙江省非物质文化遗产保护名录)、花桥龙灯(2007年列入浙江省第二批非物质文化遗产名录)、高枧古亭抬阁（2007 年列入浙江省第二批非物质文化遗产名录）、海游六兽（2007 年列入浙江省第二批非物质文化遗产名录）、下谢渔灯（2010 年浙江省第二届乡村龙舞大赛参赛项目，2012 年列入台州市非物质文化遗产名录）等共同巡游，如图 3-42～图 3-49 所示。

图 3-42　正月十四烧糟羹、品糟羹

图 3-43　三门县城欢庆元宵节的场景

图 3-44　亭旁杨家板龙

图 3-45　花桥龙灯

图 3-46 高枧古亭抬阁

图 3-47 海游六兽——狮子

图 3-48 海游六兽——麒麟

图 3-49 下谢渔灯

资料链接

初一、十五不过节

在台州,有初一、十五不过节的习俗,主要有元宵节、中元节(七月半)、中秋节。这三个节日是月中之节,而在台州,不在当日过节,时间都提前或推后,分别在正月十四、七月十四(或十三)和八月十六过节。

关于元宵和中秋在时间上的故事,其中有"战事说",因怕敌人趁节日来攻,故提前或推后一天过节。同样,七月半也有相类似的传说:宋末,人们正准备过节,适逢元兵入侵,人们只好提前一天举行祭祀祷告等活动,以后相沿成俗。这种模式性的传说,用来佐证节俗由来,不但令人生疑不能服人,而且会给人一种节日的沉重感。

元宵节提前一天的原因是由于民间受佛教的影响,在家居士在每月的初一、十五吃素而避开此日提前一天。

中秋节和七月半,其成节的原因与元宵节相同,七月半作为主要的"鬼节",民间认为,七月初一至十五鬼开门,十五后回阴间,这样,只有提前过这个节日。而因元宵节与七月半均已提前过,中秋节则推后一天,显示出节日安排的灵活性。形成的时间也应该在五代期间。

唐末,经历过长期兴盛的佛教至此却为统治阶级所不容,五代期间,北方政权都前后采取过一些禁佛的措施,其中周世宗灭佛则是比较大的一次,史称"一宗法难"。周"废天下无敕额之寺院,毁铜像,收钟磬钹铎之类铸钱"。而此时,台州所属地吴越国国王却是虔诚的居士,因此大量北方僧人南迁,江南佛教出现了前所未有的兴盛,佛家一些教义的影响也深入民间。在这种情况下,初一、十五吃素无形中成了惯例,而节日中最主要的习俗便是食俗,老百姓为了能在初一、十五吃素,又能过上节日,就自觉地提前或推后一天,久之成了共识。

(三)清明节

清明节是中国汉族的节日,为中国二十四节气之一,时间在每年的阳历 4 月 5 日前后。三门人的清明节习俗是:捣青麻糍、做"青燕"、上坟、坟头植树、吃海蛳、放风筝。

捣青麻糍的方法与过年时捣麻糍一样,只是在捣和时加入了绵青,就成了青麻糍,如图 3-50 所示。

"青燕"就是清团,如图 3-51 所示。在清明节的时候,家家户户采绵青、糯米青等嫩草,煮熟捣糊,拌和糯米粉揉成团,再包入馅料,馅料有甜有咸,然后在正反两面裹上新采的梓树叶,用蒸笼蒸熟,老少皆宜,亦常作上坟供品。至于人们为什么把这青团叫作"青燕",是裹的两片梓树叶像燕子的翅膀,还是寓意吃过"青燕",燕子就飞来与我们做伴?不得而知。

图 3-50　捣青麻糍

图 3-51　青燕

清明本是民间扫墓祭祖之节。青麻糍或"青燕"是上坟的主要祭品。三门人上坟与其他地方不一样，若家中有老人去世，近三年内得提前十天半个月去上坟，称为上早坟。上坟这天，家人全部出动，在外地的子女无论多远也都得赶回来。上坟时先清除墓四周的杂草，并在坟头添土插幡，接着上香、摆祭品，半炷香后跪拜祈告、讨愿，然后焚烧阡张或"九龙会"，待阡张或"九龙会"烧尽后放鞭炮，表示送先人及客人回去，整个祭祖仪式也宣告结束。仪式结束后留少量祭品于坟前。三门人上坟，先上近代直系祖坟，然后上房头众家坟，再上宗族祖坟。在三门，清明时节，阡陌野地，白幡迎风飘舞，有别样的风景。

现在，三门中小学校还会组织学生在清明节前祭扫烈士墓，如图3-52所示。

图3-52　学生祭扫烈士墓

三门人有在坟头或坟边种树的习俗，上坟时有的会带柏树、樟树等常青树苗种植，这种树长大后称为"坟头树"或"风水树"。

"冬至吃只猪，不如清明吃粒蛳。"三门人上坟的祭品中一定有海蛳，上坟后，家人一起在坟前吃海蛳，并将海蛳壳撒在坟边。

清明时节，春光明媚，是人们放风筝的好时机。旧时，人们把风筝放上天后便剪断牵线，任凭清风把风筝送往天涯海角，以求给自己除病消灾，带来好运。现在，放风筝仅是青少年的一项趣味活动，如图3-53所示。

图3-53　放风筝

清明过节的起源

据史料记载,在两千多年以前的春秋时代,晋国公子重耳逃亡在外,生活艰苦,跟随他的介子推不惜从自己的腿上割下一块肉让他充饥。后来,重耳回到晋国,做了国君(即晋文公,春秋五霸之一),封赏所有跟随他流亡在外的随从,唯独介子推拒绝接受封赏。他带了母亲隐居绵山,不肯出来,晋文公无计可施,只好放火烧山,他想,介子推孝顺母亲,一定会带着老母出来。谁知这场大火却把介子推母子烧死了。为了纪念介子推,晋文公下令每年的这一天,禁止生火,家家户户只能吃生冷的食物,这就是寒食节的来源。寒食节是在清明节的前一天,古人常把寒食节的活动延续到清明,久而久之,人们便将寒食与清明合二为一。

二、夏季的节日

(一)立夏

立夏是二十四节气之一,在夏至日前一个月,确切时间是每年公历的 5 月 22 日,每年相差在两天范围之内,民间习惯把它作为夏季的开始。立夏,三门人称醉夏,在醉夏日三门人要吃醉夏蛋和醉夏饭,如图 3-54 所示为醉夏饭。现在也有三门人吃茶叶蛋和麦焦。

过去的醉夏饭实际上是五色咸饭,饭里有雷笋、豌豆、蚕豆、苋菜等。醉夏饭含有"五谷丰登"的意思,还有一年到头身体健康的寓意。现在的醉夏饭已演变成海鲜咸饭,饭里有咸肉、豌豆、蚕豆、鱼鲞、虾仁干等。

旧时,三门人过醉夏节,还有系疰夏绳、斗蛋和称人的习俗。在醉夏日,大人会用五色丝线系于小孩手腕处,为其消灾祈福,据说疰夏绳还能消暑祛病。还会用丝线编成蛋套,装入煮熟的鸡蛋或鸭蛋(醉夏蛋),挂在小孩子脖子上,有的还在蛋上绘画图案,孩子们则相互比试,以蛋壳坚而不碎为赢,这称为斗蛋,如图 3-55 所示。吃完醉夏饭后,人们在村口或台门里挂起一杆大秤,大家轮流称体重。谓醉夏过秤可免疰夏。若体重增,称"发福";若体重减,称"消肉"。据说这一天称了体重之后,就不怕夏季炎热,不会消瘦,否则会有病灾缠身。

图 3-54 醉夏饭

图 3-55 斗蛋

 资料链接

立夏节的由来

夏,有诸多的别称。在《尔雅》中,称夏为"朱明""长赢""九夏""昊天"等。《汉书·礼乐志》有"朱明盛长,敷与万物"句;东晋的陶渊明《荣木》诗序有"日月推迁,已夏九夏"之句;明人高攀龙在《夏日闲居诗》"长夏此静坐,终日无一言"中把夏称为"长夏"。这长夏即指农历四、五、六月份的初夏、仲夏和季夏。古人把夏季最热的伏天称为"盛夏",暑伏天时酷热难耐,人们盼着快点度过,故又有"消夏""消暑"之俗称。在汉代淮南王刘安制定出的24个节气中,夏季有立夏、小满、芒种、夏至、小暑、大暑六个节气。其中立夏,斗指东南,维为立夏,万物至此皆长大,故名立夏。这一天太阳到达黄经45度,古人以此作为夏季开始的标志。

立夏节称体重习俗的由来

传说刘备死后,诸葛亮把阿斗交给赵子龙送往江东,并拜托其后妈、已回娘家的吴国孙夫人抚养。那天正是立夏,孙夫人当着赵子龙的面给阿斗称了体重,来年立夏再称一次,看体重增加多少,再写信向诸葛亮汇报,由此形成习俗并传入民间。

(二)端午节

农历五月初五,俗称"端午节"。端是"开端""初"的意思,初五可以称为"端五"。

在三门,五月初四,家家门上挂菖蒲剑、吃雄黄烧酒,并用雄黄烧酒喷洒房屋内外角落,消毒驱邪。小孩子在额头上画个"王"字,端午节也是姑娘们施展才华的机会,她们要精心设计制作香袋送给心上人,让自己心爱的人在收到香袋时能感觉到其中的爱意。有人还用红绿丝线结成彩绳,系在小孩手腕上,名为端午壮,祝孩子们茁壮成长。旧时,妻子要结根五色丝绳给自己丈夫做裤带,丈夫走在外面,衣裳襟下,裤带须头外露,很是潇洒。

在三门,端午节要吃粽子。粽子有纯原味及甜、咸三种,咸的为咸肉粽,甜的为蜜枣粽,纯原味为白米粽、粟米粽和用赤豆、豌豆、黄豆、黑米、糯米包裹成的五色粽,五色粽实是一味清香明目的保健粽。海鲜粽,顾名思义是以海鲜为馅料包裹而成的,传统的有鲞粽、墨鱼鲞粽和弹鳒干粽,现代的有蟹肉粽和虾肉粽等,如图 3–56 所示。

图 3–56　粽子

旧时,在三门,除端午节吃粽子外,在孩子对周时,外婆家一定要送粽子表示祝贺,称为送对周粽。

端午节,三门还有赛龙舟、包粽子比赛等活动,如图 3–57 所示。

图 3–57　海游港上赛龙舟

端午节的来历

关于端午节的由来,说法甚多,诸如纪念屈原说,纪念伍子胥说,纪念曹娥说,起于三代夏至节说,恶月恶日驱避说,吴越民族图腾祭说,等等。以上各说,各本其源。据学者闻一多先生的《端午考》和《端午的历史教育》列举的百余条古籍记载及专家考古考证,端午的起源,是中国古代南方吴越民族举行图腾祭的节日,比屈原更早。但千百年来,屈原的爱国精神和感人诗词已广泛深入人心,故人们"惜而哀之,世论其辞,以相传焉",因此,纪念屈原之说影响最广最深,占据主流地位。在民俗文化领域,中国民众把端午节的龙舟竞渡和吃粽子等,都与纪念屈原联系在一起。

(三)夏至

阳历 6 月 21 日或 22 日,为夏至日。三门老话说:"要睏冬至夜,要嬉夏至日。"夏至这天,是北半球一年中白天最长的一天,随之每天白天短一点,一直到冬至。夏至这天虽然白昼最长,太阳角度最高,但并不是一年中天气最热的时候。俗话说"热在三伏",夏至之后,天气就进入盛夏了。

夏至节是我国一个古老的传统节日,是民间常说的"四时八节"中的"八节"之一。在古代,官民都很重视夏至这个节日,人们通过祭神以祈求消灾丰年,风调雨顺。

到了夏至,就进入了初伏、中伏、末伏,即三伏天。三伏天是一年之中最炎热的时期,容易中暑、生病。

俗语说"夏至不吃粿,走路瘪塌塌",所以三门人在夏至日普遍要包粿吃。粿,又名扁食,是三门农家夏至节令的食品,据说那时正是插秧季节,农家以此为点心送到田头给插秧的人吃,故又称"田粿"。粿是由小麦粉做成方形薄粉皮,内裹预先炒制好的馅料而成。馅料通常有肉丝、香干、咸菜、虾皮、花生米等。粿因粿皮的不同有"白粿"与"青粿"之分,如图 3-58、图 3-59 所示。面粉中加入绵青的为青粿,不加绵青的则为白粿。粿皮的做法是:取适量的面粉,加水拌和,揉捏成团,青粿皮只要在面粉中加入适量的绵青即可;用擀面杖压卷成厚薄均匀的面皮,然后切成一块块粿皮。粿皮做好后包进炒熟的馅料,做成既像馄饨又像饺子的食品。粿的吃法有两种,一种是下锅煮熟吃,一种是上笼屉蒸熟吃。现在,三门人也有烧麦焦、吃麦焦过节日。

图 3-58 白粿

图 3-59 青粿

（四）六月六

农历六月初六,古称"天贶节"。江南地区的黄梅天,因为多雨对书籍、衣物保存都十分不利,因此只要遇到晴天就要对家中存放的书籍、衣物进行暴晒,防止虫蛀、霉变,故民间有"六月六,晒红绿"之说。此外,还有给猫狗洗澡的趣事,叫作"六月六,猫儿狗儿同洗浴"。农历五六月份,正逢小麦收获时节,乡民在熬过了冬春两季"青黄不接"的日子以后,终于收获了新粮,于是面食就摆上了农家的餐桌。在三门,这天家家户户做馒头过节。现在,三门人也有烧麦焦、吃麦焦过节日。

三门的馒头有的包馅,有的不包馅,形状有半球形,也有三角形,还有花形和鸟、鸡、狗、蟹等动物形。包馅馒头中的馅料分咸和甜两种,咸的馅料大多是农家自产之物,如腊肉（咸猪肉）、笋、花生米、香干、虾皮、洋葱等,将这些食材切丁炒制而成;甜的则是用豆沙加糖搅拌而成。三门的花色馒头栩栩如生,可谓是巧夺天工,是一种独特的民间艺术,如图 3-60 所示。

图 3-60 花色馒头

资料链接

"天贶节"的起源

"天贶节"起源于宋代。宋真宗赵恒是一个非常迷信的皇帝,有一年六月六,他声称上天赐给他一部天书,并要百姓相信他的话,乃定这天为"天贶节"。还在泰山脚下的岱庙建造一座宏大的天贶殿。随着时间的推移,现在的"天贶节"已失去原来的含义,只有晒红绿的风俗尚存。

（五）七月半

农历七月十五,道家谓之中元,名叫中元节,俗称"七月半"。三门人大多在七月十四过"七月半",也有在农历七月十三过"七月半"。三门人历来有烧麦焦祭祖的习俗。节日夜善男信女还会举行水灯会。

 资料链接

中元节的说法

中元节是道教的说法,"中元"之名起于北魏,有些地方俗称"鬼节""施孤",又称亡人节、七月半,放灯之习俗就是为了让鬼魂可以托生。同时依照佛家的说法,阴历七月十五这天,佛教徒举行"盂兰盆法会"供奉佛祖和僧人,济度六道苦难众生,以及报谢父母长养慈爱之恩。所以中元节这天,既可以寄托对逝去之人的哀思,又让人谨记父母的恩德。

三、秋季的节日

（一）中秋节

农历八月十五,是我国传统的中秋节,也是仅次于春节的第二大传统节日。八月在秋季的中间,故称"仲秋",因此把八月十五称为"仲秋节",民间又叫作"中秋节"。中秋时节,天高月圆,人们对着天上又亮又圆的皓月,观赏祭拜,寄托情怀,这种风俗在民间蔓延,渐渐形成了中国人特有的节日——中秋节。

每到中秋节,家家户户都要吃月饼。随着时代的发展,月饼种类越来越多,有苏式、广式、京式、潮式、滇式等百余种。月饼馅有豆沙、花生、百果、火腿等。饼皮上还刻有各种不同的图案,外观、口感更是各具特色,工艺也越来越考究。

"海上生明月,天涯共此时"。全国各地大多以八月十五为中秋节,但三门却以八月十六为中秋节。在月饼出现前,三门人在中秋节做糕鼓、吃糕鼓,有了月饼后大家都吃月饼过中秋节了。现在,除一些乡村外,已很少有人再做糕鼓、吃糕鼓了。

在三门,人们还习惯选在中秋节这天定亲送聘,取团圆之意,象征新人团团圆圆,和睦幸福,寄托了对未来生活的美好愿望。此习俗现在仍在盛行。

现在过中秋节,三门百姓大多要备酒设宴,欢聚赏月,亲戚好友以月饼为礼,相互赠送。当然,三门人也有烧麦焦、吃麦焦过中秋节的。

中秋节的来历

根据史籍的记载,"中秋"一词最早出现在《周礼》一书中。到魏晋时,有"谕尚书镇牛淆,中秋夕与左右微服泛江"的记载。直到唐朝初年,中秋节才成为固定的节日。《唐书·太宗记》记载有"八月十五中秋节"。中秋节的盛行始于宋朝,至明清时,已与元旦齐名,成为我国的主要节日之一,也是我国仅次于春节的第二大传统节日。

《西湖游览志余》中说:"八月十五谓中秋,民间以月饼相送,取团圆之意。"《帝京景物略》中也说:"八月十五祭月,其饼必圆,分瓜必牙错,瓣刻如莲花。……其有妇归宁者,是日必返夫家,曰团圆节。"中秋晚上,我国大部分地区还有烙"团圆"的习俗,即烙一种象征团圆、类似月饼的小饼子,饼内包糖、芝麻、桂花和蔬菜等,外压月亮、桂树、兔子等图案。祭月之后,由家中长者将饼按人数分切成块,每人一块,如有人不在家即为其留下一份,表示合家团圆。

中秋节时,云稀雾少,月光皎洁明亮,民间除了要举行赏月、祭月、吃月饼祝福团圆等一系列活动,有些地方还有舞草龙、砌宝塔等活动。除月饼外,各种时令鲜果干果也是中秋夜的美食。

关于中秋节的传说

在台州,关于中秋节的传说有三种版本。一种说法是和黄岩人方国珍有关。元朝末年,为防范元朝官兵和朱元璋的袭击,而改"正月十四为元宵、八月十六为中秋",主要是为了节日期间严加防范。另一种说法是说方国珍是个孝子,他母亲信佛,每逢初一、十五有吃素、到寺庙上香的习惯。一般节日家家户户都要烧点好吃的,因与上香有冲突,所以方国珍是就规定将台州的元宵节、七月半等节日提前一天过,中秋节则推后一天过。还有一种说法是中秋节定在八月十六与戚继光有关,相传倭寇意欲在八月十五中秋节时偷袭戚家军,戚继光得知后决定设下埋伏,十五晚,倭寇中计,戚家军大胜。台州军民于是在十六晚庆贺胜利。之后,中秋节就定在八月十六了。

（二）重阳节

重阳节，又称"九月九"，又名"老人节""敬老节"，是每年的农历九月初九。旧时，重阳节主要活动有敬老、祭祖、插茱萸（渐渐消失）、赏菊、喝酒、吃糕和登高。

敬老。请家中长者坐北朝南，子嗣顶礼膜拜，祝贺长寿。

祭祖。在家中庙堂中上香、烧阡张、念祷文，祈求平安。祭祖活动与清明扫墓大同小异。

赏菊。菊花，别号"延寿客"，属重阳节节花。人们总爱相约到山中、郊外去赏菊、品菊或采菊。"菊"在古代与"九"基本谐音，民间以"九"作为最高境界，总是说九十九，期望活得更长久。

喝酒和登高、吃糕几乎是同步的。酒，即喝菊花酒。登高，包括赏菊、饮酒、看远景和吃重阳糕。有话可证："九月九，饮菊酒，人共菊花醉重阳。""九重阳，菊花做酒满缸香。"

人们会在重阳节这天登高、饮酒、吃糕点（阳糕），以寓"高途"。清代著名画家蒲华有诗："岂堪吹帽无诗作，几欲题糕下笔难。"

阳糕，其实是一种糯米浆糕。其之所以能进入重阳节，是取"糕"谐"高"音，祝福前途节节拔高。阳糕的制作方法是：将糯米在水中浸泡七八个小时后，磨成米浆，然后经过滤、发酵后，上蒸笼蒸熟而成。旧时，还在糕顶部镶嵌一个"福"字。

三门的阳糕雪白，蓬松软口，糯而香甜，诱人食欲，如图3-61所示。现在，在三门大街小巷随处可以看到这种价廉物美的食品。

还有一种用面粉为原料加工而成的也叫阳糕，制作方法大同小异，只是糕的颜色呈深褐色，发酵后更富弹性，口感也不同于米浆糕，如图3-62所示。

旧时，三门人在重阳节曾有捣麻糍的习俗，还有出嫁的女儿会在重阳节当

图3-61 阳糕（米浆做）

图3-62 阳糕（面粉做）

天回到娘家省亲,故重阳节也叫囡节、女儿节。

现在,三门人一般烧麦焦、吃麦焦过重阳节,大部分企事业单位在重阳节前都要为退休老同志举办一个茶话会,向他们通报本单位一年来的工作情况,并为他们祝寿。

四、冬季的节日——冬至

冬至,是我国农历中一个非常重要的节气,也是一个传统节日。早在2500多年前的春秋时代,我国已经用土圭观测太阳测定出它是二十四节气中最早制订出的一个。冬至在每年的阳历12月22日或者23日。冬至是北半球全年中白天最短、黑夜最长的一天,过了冬至,白天就会一天天变长。冬至经过数千年发展,形成了独特的节令饮食文化。

春播、秋收、冬藏,一年生产已基本完成,农民们辛苦一年,稻谷进仓,耕牛关进牛栏,请戏班演戏,庆祝五谷丰登。

冬至日,在三门农家家里,烧麦焦、做糯米圆(三门人称为冬至圆),热气腾腾。三门的冬至圆非常特别,用黄豆粉或赤豆粉裹在外面,如图3-63、图3-64所示。当然也有以甜、咸馅包在里面煮着吃的。冬至晚,村民们换上干净衣裳,穿上干净鞋子,去祠堂看戏班演出。

图3-63　赤豆粉裹的冬至圆

图3-64　黄豆粉裹的冬至圆

 资料链接

团和圆的爱情传说

相传湫水山十八肩岭上住着相依为命的母子俩,儿子名叫"团",以砍樵卖柴度日,奉养双目失明的母亲,只因家贫难以娶妻。湫水龙的女儿名叫

"圆"，常常行雨过十八肩岭，见"团"相貌英俊，勤劳善良，就化作人形与团私会。龙王为此大怒，将"圆"软禁。无奈"圆"以绝食抗争，龙王只好说，若是十八肩岭的磨盘和石臼头从山上滚下来能够黏合在一起，便准其婚姻。圆和团的爱情感动了众虾兵和山里的黄豆精。众虾兵钻入磨心，使其延缓滚动的速度。无数的黄豆裹住石臼头，助其翻滚。从天明滚到傍晚，只见半爿石磨已经和滚圆的石臼头相依在一起。此后，为纪念这对天造地设的姻缘，湫水山下的村民就用上等的糯米粉揉成团和圆，且将团做成磨盘状，圆用黄豆粉裹在外面，即使用馅料包，其馅料中必有虾皮，意在纪念钻入磨心的虾兵。

在三门，团和圆既是百姓爱情的信物和民间造房上梁、祝寿、定亲等的喜庆礼物，又是逢年过节必不可少的点心，因此团和圆通常同时做成，寓意为团圆。三门人将团做成磨盘状，来源于团和圆的爱情传说。

三门民间流传"冬至大如年"，在三门各氏族聚居的村落之中，保存着在冬至节举行隆重而庄严的拜冬祭祖习俗活动。拜冬祭祖习俗活动一般在祠堂里举行，拜冬祭祖时张灯结彩，杀猪宰羊，请戏班演出。三门祭冬历史悠久，人们通过祭冬深切地表达了对天地自然与祖先的感恩之情，传达尊祖聚族的人伦大义，凸显崇尚祖德、尊老爱老的道德理念，实现聚族睦亲和谐相处的根本目的。因此，对于弘扬传统美德，增强民众凝聚力，完成社会和谐建设，都有重要的影响和现实意义。2014 年，三门祭冬习俗入选第四批国家非物质文化遗产代表性项目名录，如图 3-65 所示为三门县海游街道章氏在祠堂拜冬祭祖的情景。

图 3-65　三门县海游街道章氏在祠堂拜冬祭祖的情景

资料链接

三门人逮着节日吃麦焦

麦焦，是三门人有节必吃的食物，从正月十四起，二月二、清明、立夏、夏至、六月六、七月半、八月十六、九月九、冬至，直到过年，都少不了麦焦。

三门人之所以要逮着节日吃麦焦，无非是觉得麦焦好吃，喜欢吃麦焦，就趁着各种节日的机会烧来吃。以前的人比较忙，相对来说节日里可能空闲一些，而且节日里家人到得也最齐，打帮手的人多，也可趁机好好团聚一下。久而久之，节日里吃麦焦就变成风俗习惯了。

就算不是节日，三门人也经常要找个理由烧麦焦吃。久居异地的亲人回家了，烧麦焦吃，让他(她)尝尝久违的家乡特色小吃，同时邀亲朋好友热闹一番；单位里的同事兴致来了，约好到哪一家饭店去聚一餐，吃的多半也是麦焦。吃麦焦的好处是人多人少都没有关系，桌上十来样菜蔬，每样夹一点，往麦焦皮里一卷，捧在手上就可以吃，无需团团围着桌子坐。

卷麦焦是一件很讲究的事，初次吃的人肯定不知道怎么下手。圆圆的麦焦皮在桌上平摊好，先用豆面、米面等软一点的材料打底，接着把肉、芹菜、豆腐、土豆丝、红萝卜丝等各种菜蔬一层一层地铺在上面，要注意荤素和味道的搭配。卷麦焦皮的时候，力度要适中，太用力了，薄薄的麦焦皮很容易破掉；快卷好时把一端的麦焦皮向里折一下，使一头封闭，否则拿在手上吃的时候菜蔬会漏出来。卷好的麦焦是圆筒状的，有大人的小臂那么粗，吃一个差不多就饱了，喜欢吃的人可以吃下三四个。

麦焦好吃，主要就在于馅料丰富。除了肉、豆腐、豆面等几样常规的馅料之外，其他的可根据时令的变化而有所不同，春天的竹笋、夏天的豇豆、秋冬的毛芋都是很好的麦焦馅料。讲究些的还可以用上蛋、猪肝、虾仁、墨鱼等材料。所有馅料都要切成丝状或条状，一样一样地炒起来，再根据个人的口味挑自己喜欢的菜蔬卷到麦焦皮里。一张薄如纸张的麦焦皮，里面包着十来样可口的小菜，一口咬进去，十来种菜蔬一齐到了嘴里，美味满口，营养丰富，还有哪一种食品能有如此丰富的味道呢？

五、其他民间小吃

在三门，除了节日中呈现的特色小吃外，还有许多地道小吃。

(一)麦饼

麦饼是大众化的小吃，有咸、甜两类，甜的有芝麻麦饼、海苔麦饼等，咸的有五香麦饼、洋芋麦饼、南瓜麦饼等，如图3-66～图3-68所示。

图 3-66　五香麦饼　　　　　　图 3-67　海苔麦饼

图 3-68　南瓜麦饼

　　旧时，由于三门地处海湾一隅，交通不便，人们外出办事、上山打柴、下海涂讨海时都将麦饼用麻布巾裹好，系在腰间保暖或打入背包随身带，用来充饥。

　　做麦饼，三门方言为"搋麦饼"，它的技巧就在于"搋"。用木棍在加入馅料的面团上均匀地擀压，使其成为厚薄适度、馅料分布均匀的圆形，然后在特制的"熬镬"上烙成两面呈金黄色的麦饼。麦饼还是饭店宴会上的主要点心。随着人们生活水平的提高，各类高档次的麦饼逐渐出现在一些宴会上，水潺饼就是其中之一。水潺饼的主原料是面粉和水潺，配料是鸡蛋、肉松、香肠、松子等。先把水潺洗净取肉，与鸡蛋同时和入面粉中，充分拌和；把配料在锅中过油备用，旺火中，把拌和均匀的糊状主料放入油锅中煎数分钟，然后倒入配料再煎。一盘色香味俱佳的水潺饼就做成了，如图 3-69 所示。

图 3-69　水潺饼

（二）麦焦头、麦焦单

1. 麦焦头

麦焦头，是一种外形如扇形的烙制食品，其做法是：先做好圆形粉皮，然后将粉皮摊入锅里，放入炒制好的馅料（类同五香麦饼的馅料），再加入鸡蛋将馅料粘住，同时对折粉皮呈扇形烙熟即成，如图3-70所示。

图3-70　麦焦头

2. 麦焦单

麦焦单是一种快餐式麦焦，其做法是：先做好圆形粉皮，然后将粉皮摊入锅里，涂上一层油，放入虾皮、肉末、鸡蛋、葱花等，卷成条状或块状烙熟即可，如图3-71所示。

图3-71　麦焦单

（三）松花饼

松花饼，色泽金黄，糯而香甜。百吃不厌。松花饼的做法是：在糯米粉中兑入一定比例的天然松花（松花须在春天松树开花时采摘，晒干后保存），同时加入白糖，加水揉成团状。加水须适量，多了太软，不好烙；少了则不成团。揉好后切成一块块，用温火烙熟，如图3-72所示。

图3-72　松花饼

（四）状元糕

古时，凡有乡里童生考上秀才、秀才中举考上状元的，亲朋好友和左邻右舍都会送来一种糯米粉做成的食品表示庆贺，这种食品后来被称为"庆糕"或"状元糕"，如图3-73所示。这种糕的做法是：将糯米粉在水中浸泡半日后，磨成湿粉，加上适量的白糖，加水均匀揉和（加水必须适度，少了不匀，多了则太黏），并用粉筛将

图3-73　状元糕

湿粉块筛出。粉筛有大孔、中孔和小孔三种,湿粉需要在这三种粉筛中反复筛数遍,才能成为粗细均匀、洁白晶莹的原粉。然后将半湿的原粉倒入一个圆形的蒸笼,铺一层湿粉洒一层红糖,有的还要加上海苔。倒完最后一层湿粉,抹平,用小刀划成一格格的长方形小块就可以上锅蒸了。蒸笼有大、小两种,根据各家所需选择使用。蒸熟后,印上红色的"状元"两字,状元糕就做成了。这种香糯软口,蕴含着喜庆之意的小吃,成了嫁娶、乔迁时送人的礼物。这习俗流传至今,有的人家有子女考上大学的,常有亲戚送上"状元糕"以示祝贺。

(五)五香糯米饭

农历四月初八称为浴佛节或佛诞节,相传四月初八是佛教创始人释迦牟尼的生日。这一天三门人要吃五香糯米饭,据说在这一天吃五香糯米饭有强身健体的功效。五香糯米饭的主要配料有鲞肉、豌豆、腊肉、土豆、赤豆、黄豆、香菇、豆腐干、鸡蛋等。制作方法是:先将各种配料炒熟,然后倒入已经煮熟了的糯米饭中,在锅中拌和,放入鸡蛋,再蒸煮数分钟,五香糯米饭就做成了,如图3-74所示。青蟹饭是在鲞肉饭、蛏肉饭的基础上流行起来的特色点心。青蟹饭以优质青蟹为主要原料,将炒得八分熟的火腿丁、青豆、玉米、胡萝卜丁等与蒸熟的泰国香米饭拌匀,再放入垫有粽箬的蒸笼内蒸煮数分钟即成。青蟹饭是三门人宴请宾客的点心之一,如图3-75所示。

图3-74 五香糯米饭

图3-75 青蟹饭

(六)炒糯米圆

炒糯米圆是三门农家的待客点心。炒糯米圆有个典故,说的是陈王乘船逃亡三门湾,从皇宫出逃时带了鸡蛋炒糯米圆在路上充饥。此后,陈王后裔隐居三门湾一带,为了不忘祖先,每年春节都要炒一盆糯米圆到海边祭祀,后成为习俗。如今,在配料中又加入了弹涂鱼干、去刺鲻鱼肉等海产品,从此成了沿海居民待客的高级点心。

现在很多酒店对炒糯米圆进行了创新,将丸子做小了,粒粒如珠玑落玉盘,更富有情趣,更能入味,如图 3-76 所示。

图 3-76　炒糯米圆

三门民间小吃的品种繁多,区域特色鲜明,原始色彩浓郁,民间典故有趣。在点心的各式花样图案中,反映了三门人传统的生活情趣和审美观点。三门民间小吃的推陈出新,体现了三门民众有很强的创新意识。

想一想,说一说,做一做

1. 说一说你家乡过年有哪些习俗?

2. 三门民间小吃有什么特点?

3. 在三门的节日习俗中有哪些节日会吃麦焦?为什么三门人逮着节日就吃麦焦?

4. 大家一起做一次麦焦。

5. 说一说你家乡的有名小吃。

6. 在三门节日习俗中,你认为哪些习惯或做法是值得传承的?

后记 <<<<<

经过五个多月的努力,《舌尖上的三门》终于完稿,我们细细地回顾了书稿的整个编写过程,觉得应作以下几点说明:

1. 资料来源

《舌尖上的三门》共三章。框架思路来源于童年农村生活的记忆。资料包括照片、图片,部分来源于三门县委宣传部、三门农业局、三门海洋渔业局、三门旅游局网站,部分由三门新闻中心陈维连同志提供等。在此,我们对支持和帮助《舌尖上的三门》编写的同志,特别是提供素材、资料的同志表示衷心的感谢。

2. 教材中的语言表达

作为教材本应用书面语言表达,但为了保持乡土气息,书中有许多地方仍用三门方言表达。校本教材是用书面语言表达好,还是用方言表达好?这是一个值得探讨的问题。

3. 教材中一些习俗的描述

由于编者对三门的习俗并不完全了解,因此在编写过程中我们请教了许多老人,可是他们的说法也不一致。所以,教材中所涉及的一些习俗只是以某一位老人的介绍为依据来编写,所描述的习俗不一定准确。

九月初完稿后,我们在对口支援学校青海省格尔木市职业技术学校两班学生中进行试讲,试讲后对教学中发现的问题又作了适当修改。

由于编者对三门的发展历史、各地的习俗没有深入研究,再加上本书编写比较匆忙,敬请读者批评指正。

编　者

2016 年 1 月 20 日